科学数据
开放共享
从权属界定到管理体系构建

温　珂　罗先觉　唐素琴　等／著

科学出版社

北　京

内 容 简 介

本书初步探讨了科学数据的权属界定，全面阐述了科学数据质量管理体系的构成，详细介绍和比较了科学数据的分级分类规定，揭示了科学数据多层级的安全管理责任体系，深入剖析了全球著名科研机构构建科学数据管理体系的实践与特征，考察了典型国家和地区科学数据开放共享的政策实践，在系统回顾我国科学数据开放共享政策演进的基础上，就进一步完善我国科学数据开放共享政策体系提出了建议。

本书可供立法机关工作人员、政府主管部门工作人员、高校和科研院所管理人员以及科研工作者参考。

图书在版编目（CIP）数据

科学数据开放共享 ：从权属界定到管理体系构建 / 温珂等著.
北京 ：科学出版社，2025. 3. -- ISBN 978-7-03-081485-2

Ⅰ. TP274

中国国家版本馆 CIP 数据核字第 2025HY5251 号

责任编辑：牛　玲　刘巧巧 / 责任校对：何艳萍
责任印制：师艳茹 / 封面设计：有道文化

科 学 出 版 社 出版
北京东黄城根北街 16 号
邮政编码：100717
http://www.sciencep.com
北京九州迅驰传媒文化有限公司印刷
科学出版社发行　各地新华书店经销
*
2025 年 3 月第 一 版　开本：720×1000　B5
2025 年 3 月第一次印刷　印张：12 1/2
字数：200 000
定价：98.00 元
（如有印装质量问题，我社负责调换）

开放性是科学的本质属性之一。在科学实践中，科学观察、实验和研究成果的验证、完善、重用都离不开翔实的科学数据的支撑，可验证、可重复的科学研究必然依赖于以科学数据为基础的源头开放。科学数据甚至已成为"第四范式"——"数据密集型科学"的基础"原料"。与开放获取、开放出版相比，开放科学数据是更全面、更充分、更广泛的开放，是开放科学运动的更高形式。然而，科学数据开放共享在促进科学技术快速发展、创造巨大社会经济效益的同时，也伴生了数据泄露、窃取、篡改、滥用、封锁等风险，更有甚者，还出现了损害个人权益、侵犯知识产权乃至危害国家安全等严重问题。

于我国而言，这些风险和问题的产生，既与当前我国科学数据法律规范有待完善、标准体系有待健全、主管部门监管有待加强等宏观环境不无关系，也与高校和科研院所科学数据管理主体责任没有落实等微观因素密切相关。压实高校和科研院所科学数据管理的主体责任，是做好科学数据安全管理工作的一个关键抓手。目前，虽然国内有部分高校在校务信息化数据管理中对科学数据管理进行了规范，但仅有极少数高校专门制订了科学数据管理办法。而反观国外知名的研究型大学，普遍建立了较为完善的科学数据管理制度，制订了具有可操作性的数据全生命周期管理办法，设置了科学数据管理的专门机构，明确了相关主体的科学数据管理职责。这些举措既促进了科学数据的开放共享，也有助于保障科学数据的安全。

　　"他山之石，可以攻玉。"温珂等学者撰写的《科学数据开放共享——从权属界定到管理体系构建》一书，全面、深入地考察、阐述和比较分析了国外有关科学数据管理的法律、法规、政策和实践，并在此基础上对我国科学数据开放共享管理体系的构建提出了有益的建议。

　　伴随人工智能技术越来越广泛、深入地应用到科研领域（即 AI for Science），大数据分析利用工具也在持续更新迭代，科研范式正在发生革命性转变，科学数据的开放共享已成为不可逆转的历史趋势。这对科技政策的制定和管理工作提出了新的需求和挑战。一方面，要推动科学数据的开放共享，释放其巨大的社会效益和经济效益；另一方面，要重视科学数据的安全隐患和侵权风险，及时应对科学数据安全态势的变化。创新管理机制体制，开发并应用高效的管理工具手段，在保障科学数据安全的同时，最大限度地发挥科学数据开放共享的效益，是我国科技事业实现高水平自立自强的关键所在。

　　是为序。

2025 年 2 月

在数字化进程不断深化的环境下，科学数据已成为国家科技战略资源的核心组成部分。获取、管理和有效利用科学数据的能力，成为世界各国提升科技实力和全球科技影响力的核心竞争力。作为全球科技创新的重要参与者，我国亟须通过科学数据的高效管理和共享，充分释放数据资源的潜力，推动技术的突破与新质生产力的发展。在此背景下，《科学数据开放共享——从权属界定到管理体系构建》一书的出版恰逢其时，可为相关领域的管理实践提供重要参考。科学数据权属的界定一直是开放共享中的核心问题之一。该书针对这一问题提出了一个多维度的思考框架，从科学家个体、科研活动组织以及科研项目资助机构等多个层面和角度探讨了权属界定的复杂性。该书系统分析了国内外资助机构在科学数据开放共享中的角色和权利，明确了科研机构、大学以及科研人员各自对科学数据的权利归属。通过从不同层面对权属界定进行细致的剖析，该书在理论上为科学数据的权属界定提供了新思路，并为权属界定的实际操作提供了指导，有助于推动我国科学数据开放共享管理朝着法治化、规范化的方向发展。科学数据的质量管理是实现开放共享的关键组成部分。数据质量直接关系到科研成果的可靠性和科学决策的准确性。该书提出了以科学数据生命周期为基础的质量管理体系，从数据的计划、采集、处理、存储到共享和重用，覆盖了科学数据流动的全过程。这种全流程的质量管理体系，保障了各个环节中科学数据的质量，使得其始终能够保持科学价值和应用价值。书中特别强调了数据质量管理的组织建设和人才培养的重要性,提出应通过建立专门的管理组织体系和培养专门的数据管理人才来提升数据质量管理水平。这些建议对于建立、健全我国科学数据质量管理体系至关重要,有助于推动我国科学数据质量管理向制度化和规范化发展。

科学数据的分级分类管理能够有效区分不同数据的敏感性和共享需求,有助于数据管理机构制定合理的共享政策,提高数据管理的针对性和科学性,避免在数据开放共享过程中出现信息泄露和不当使用的问题。该书对国际上关于科学数据的分级分类管理模式进行了深入分析,系统比较了"科学数据专门分级分类模式"和"一般数据分级分类模式",并探讨了适合我国科学数据管理的分级分类方式。在此基础上,该书进一步关注了科学数据安全管理的责任体系,系统分析了从政府科研主管部门、科研项目资助机构、科学数据中心到科研组织等各主体在科学数据安全管理中的责任,指出加强数据安全管理的法律制度建设、完善科研组织内部的安全管理规范、发挥科研项目资助机构对数据共享的引导作用等是当前我国建立健全科学数据安全管理责任体系的关键。

该书既具有国际视野,又坚持立足我国国情。书中对美国、英国、日本和欧盟等发达国家和地区的科学数据开放共享政策和实践进行了比较分析,站在全球层面上更全面和客观地指出了我国科学数据开放共享政策制定的优势与不足。同时我了解到,作者们针对中国科学数据开放共享问题的分析,是建立在对相关国家科学数据中心、承担国家科技项目的科研团队和国家科学数据相关主管部门等进行扎实调研的基础上,使得书中所提政策建议具有针对性和实操性。

该书是科技政策与管理学、法学等多个学科领域专家集体智慧的结晶。作者团队不仅具备跨学科、跨领域的专业知识,而且在科学数据管理方面拥有多年的研究经验,确保了书中内容既具有理论深度,又涵盖了从政策分析到实际操作的广泛见解。全书结构清晰,内容丰富翔实,对推进我国科学数据开放共享具有重要的参考价值,特此推荐。

2025 年 2 月

前 言

PREFACE

当前，科学研究已进入"科学数据+人工智能"的数据智能范式，科学数据已成为国家科技进步和创新发展的基础性战略资源。然而，在国内外的政策语境中，科学数据并非一个共识性概念。经济合作与发展组织（Organization for Economic Co-operation and Development，OECD）和美国白宫科技政策办公室（Office of Science and Technology Policy，OSTP）使用"研究数据"（research data）这一概念，而一些大学或科研机构则使用"科研数据"（scientific data）这一表述。在我国，2018 年国务院办公厅印发了《科学数据管理办法》[①]，此后"科学数据"作为一个政策用语和学术用语在我国学术界确定下来。本书将"研究数据"和"科研数据"统称为"科学数据"。

什么是"科学数据"？根据《科学数据管理办法》，科学数据主要包括"在自然科学、工程技术科学等领域，通过基础研究、应用研究、试验开发等产生的数据，以及通过观测监测、考察调查、检验检测等方式取得并用于科学研究活动的原始数据及其衍生数据"。这一界定体现了过程视角的认识逻辑。与 OECD 和 OSTP 基于结果视角将研究数据定义为用来验证和检验研究发现的以数字形式记录的资料相比，我国所定义的科学数据所包含的内容和范围更加广泛。

---

① 中华人民共和国中央人民政府. 国务院办公厅关于印发科学数据管理办法的通知[EB/OL]. https://www.gov.cn/zhengce/zhengceku/2018-04/02/content_5279272.htm[2018-04-02].

联合国教育、科学及文化组织将开放数据定义为开放科学的三个组成部分之一。科研活动本质上是一个知识交流的过程,从服务于有限的科研人员或机构到向更广泛的科学共同体和公众开放,开放数据是为了增进科学和社会的利益,促进科研合作和信息共享。随着大数据时代的到来,科学数据日益呈现出体量(volume)大、类型(variety)多、速度(velocity)快和价值(value)高的 4V 特征。科学数据的开放共享,无论是对于向数据智能科研范式的转型还是对于加快数据要素化的进程,都显得尤为重要,但同时也面临更多挑战。

撰写本书的目的即是响应时代需求,针对科学数据开放共享过程中所面临的权属界定、质量管理、安全管理等关键问题,基于政策文献调研、实践调研及深度比较分析,探讨构建促进科学数据开放共享的基础制度体系。

明确科学数据的权属界定,健全科学数据权益保护制度,是让科学数据"流动"起来的首要的基础制度。2022 年 12 月发布的《中共中央 国务院关于构建数据基础制度更好发挥数据要素作用的意见》,创造性提出"建立数据资源持有权、数据加工使用权、数据产品经营权等分置的产权运行机制",为科学数据确权授权实践指明了方向。科学数据是从科研活动过程视角定义的数据类型,与从数据生成主体视角界定的公共数据、企业数据和个人数据等存在交叉。但对于高校和科研院所产生的科学数据,它们主要属于公共数据范畴。本书主要针对公共数据范畴内的科学数据,探讨了确权授权的基本原则、试行产权分置的规则以及构建包容审慎的科学数据治理体系等问题。

科学数据质量管理日趋复杂,贯穿于科学数据从计划、采集、处理、存储、共享到重用的全过程。2021 年,OECD 发布的《理事会关于从公共资金资助的研究数据获取的建议》指出,良好的科学数据质量管理可以通过控制数据收集、传播和可访问归档过程中采用的方法、技术和工具的良好实践等来实现。本书讨论了数据生命周期中各阶段科学数据质量管理的关键环节,并着重强调完备的质量管理组织体系和高水平的数据质量管理人员是科学数据质量管理得以执行的关键。

在日渐复杂的国际形势下,科学数据开放共享带来的安全风险愈发受到各国的重视。保障科学数据安全,成为国家安全的重要内容。对科学数据进行分级分类是实现其安全管理的前提。比较来看，世界知名大学关于科学数据的分级分类管理实践值得借鉴，书中介绍了几种代表性的分级管理规定，归纳了科学数据分级分类的依据。科学数据安全管理涉及多方利益相关主体。通过比较分析国外对各利益相关主体安全管理责任的规定，书中指出了我国在压实法人单位科学数据安全管理责任方面存在的不足，并对我国完善科学数据安全管理责任体系提出了对策建议。

各国政府和机构在推动科学数据开放共享方面的实践，为我们提供了有益的经验。本书系统梳理了美国、英国、日本和欧盟等科技领先国家和地区的政策实践，深入剖析了美国国立卫生研究院（National Institutes of Health，NIH）和法国国家科学研究中心（Centre national de la recherche scientifique，CNRS）的科学数据管理体系建设实践，并对我国促进科学数据开放共享的政策演进进行了深入系统的分析，总结了其阶段特征。这些关于科学数据开放共享政策的宏观和微观分析，为深化科学数据开放共享制度研究奠定了基础。

本书得到了中国科学院学部咨询评议项目（2020-ZW13-A-025）、中国科学院网络安全和信息化专项咨询研究项目（CAS-WX2023ZX01-11）的支持。书稿相关内容的研究工作，得到了郭雷院士和方新研究员的悉心指导。研究团队来自中国科学院科技战略咨询研究院、中国科学院大学公共政策与管理学院、国家发展和改革委员会创新驱动发展中心（数字经济研究发展中心），近20人参与了书稿撰写。各章撰稿人如下：第一章，宋大成、温珂、郭润桐；第二章，唐素琴、曹婉笛；第三章，刘思彤、温珂；第四章，胡添凤、罗先觉；第五章，汪晓惠、罗先觉；第六章，刘思彤、温珂、游玎怡；第七章，温珂、王灏晨、李慧敏、刘恒宇；第八章，温珂、宋大成、游玎怡、李慧敏。全书由温珂、宋大成和郭润桐统稿审定。感谢团队中每个人的坚持和努力，让本书得以完成。

书稿撰写过程中，还得到了中国科学院学部工作局、国家科技基础条件平台中心、国家科学数据中心等部门有关领导的帮助和指导。此外，还有很多同志为本书提出了宝贵建议，在此一并表示感谢。感谢科学出版社牛玲编辑及相关编校人员为本书编辑出版所付出的辛劳。

本书旨在抛砖引玉，书中所形成的观点和看法是初步的，很多认知需要随着科学数据开放共享实践的拓展而不断深化和细化。书中有些认识可能有不当之处，敬请广大读者和专家学者批评指正。

2025 年 2 月

目 录

CONTENTS

第一章
科学数据与开放共享

　　诞生于 16 世纪的近代自然科学，开启了通过实验来描述和解释自然现象的研究范式。数百年来，科学不断涌现出新的领域和学科分支，计算科学的出现开始了对复杂自然现象的仿真模拟，改变了传统的实验科学方法。模拟生产出大量数据，实验科学面临巨量的数据增长，科研活动正在发生变化，新的研究范式将理论、实验和计算仿真统一起来，由仪器收集或仿真计算产生数据、由软件处理数据、由计算机存储信息和知识，科学家们开始通过数据管理和统计方法分析数据和文档。今天，科学的世界正在从实验科学步入数据科学。人类基于系统的数据观察，在对所采集并仔细保存的实验数据进行挖掘和分析的基础上建立起新的理论，提出新的研究成果，数据密集型的科学范式概念自然而生。《第四范式：数据密集型科学发现》[①]一书将这一以大数据为基础的数据密集型科学（data-intensive science）研究，称为继实验科学（experimental science）、理论科学（theoretical science）、计算

[①] Hey T, Tansley S, Tolle K . 第四范式：数据密集型科学发现[M]. 潘教峰，张晓林，等译. 北京：科学出版社，2012.

科学（computational science）三种科研范式后，科研人员进行科学研究及科学发现的"第四范式"。

第一节　科学数据的定义与特点

一、科学数据的定义

关于科学数据，目前国内外尚未形成一个统一的内涵界定，有的政府文件中使用"研究数据"（research data）这一概念，也有大学或科研机构使用"科研数据"（scientific data）这一称谓。本书选取国内外比较有代表性的科研机构对科学数据的相关定义，具体见表 1.1。OECD 将研究数据解释为：数据研究基本来源的实时记录（数值、文本记录、图像和声音），被科学团体共同接受的对研究结果有用的数据[①]。美国 OSTP 将研究数据定义为：科学界普遍接受的用以验证研究结果的数字记录事实材料，包括用于支持学术出版物的数据集[②]。哥伦比亚大学《研究数据保存指南》认为，研究数据是指任何在相关研究领域内被广泛接受的记录信息，这些信息既反映了通过大学研究调查所获得的事实，也是重建和验证大学研究结果，以及探究导致这些结果的事件和过程所必不可少的，无论其以何种形式或媒介进行记录。研究数据包括无形数据（如统计数据、研究发现、公式等）以及有形和数字形式的数据（如实验笔记本、研究协议、病例记录等）[③]。我国《科学

---

① OECD. OECD Principles and Guidelines for Access to Research Data from Public Funding [EB/OL]. https://read.oecd-ilibrary.org/science-and-technology/oecd-principles-and-guidelines-for-access-to-research-data-from-public-funding_9789264034020-en-fr#page1[2007-04-12].

② Executive Office of the President Office of Science and Technology Policy. Increasing Access to the Results of Federally Funded Scientific Research[EB/OL]. https://obamawhitehouse.archives.gov/sites/default/files/microsites/ostp/ostp_public_access_memo_2013.pdf[2013-02-22].

③ Columbia University. Guidance on Retention of Research Data[EB/OL]. https://research.columbia.edu/sites/default/files/content/RCT%20content/Research%20Data/Research%20Data%20Retention%20Guidance%2010.17.17.pdf[2017-10-20].

数据管理办法》将科学数据定义为：在自然科学、工程技术科学等领域，通过基础研究、应用研究、试验开发等产生的数据，以及通过观测监测、考察调查、检验检测等方式取得并用于科学研究活动的原始数据及其衍生数据[①]。从本质上看，科学数据、研究数据以及科研数据并无太大区别，为了避免概念的混淆，本书将研究数据和科研数据统称为科学数据。

表 1.1　国内外关于科学数据的定义

分类	来源	概念
国外观点	OECD	数据研究基本来源的实时记录（数值、文本记录、图像和声音），被科学团体共同接受的对研究结果有用的数据
	OSTP	科学界普遍接受的用以验证研究结果的数字记录事实材料，包括用于支持学术出版物的数据集
	哥伦比亚大学	研究数据是指任何在相关研究领域内被广泛接受的记录信息，这些信息既反映了通过大学研究调查所获得的事实，也是重建和验证大学研究结果，以及探究导致这些结果的事件和过程所必不可少的，无论其以何种形式或媒介进行记录。研究数据包括无形数据（如统计数据、研究发现、公式等）以及有形和数字形式的数据（如实验笔记本、研究协议、病例记录等）
	欧盟委员会（European Commission，EC）	被收集起来且被视为推理、讨论或计算基础的所有信息，特别是事实或数字，包括统计、实验结果、测量、实地观察结果、调查结果、访谈记录和图像等[②]
国内观点	《科学数据管理办法》	在自然科学、工程技术科学等领域，通过基础研究、应用研究、试验开发等产生的数据，以及通过观测监测、考察调查、检验检测等方式取得并用于科学研究活动的原始数据及其衍生数据
	《科学数据共享工程技术标准：科学数据共享工程数据分类编码方案》[③]	是指人类在认识世界、改造世界的科技活动所产生的原始性、基础性数据，以及按照不同需求系统加工的数据产品和相关信息

资料来源：笔者整理

比较上述定义可以看出，国内外对科学数据的理解存在着差异，主要分为结果视角下的科学数据和过程视角下的科学数据。从结果视角来看，科学数据主要是以数字形式记录的，用来验证和检验研究发现的一些真实资

---

① 国务院办公厅. 科学数据管理办法[EB/OL]. https://www.gov.cn/zhengce/content/2018-04/02/content_5279272.htm[2018-03-17].

② European Commission. Guidelines to the rules on open access to scientific publications and open access to research data in Horizon 2020 [EB/OL]. https://www.kowi.de/Portaldata/2/Resources/horizon2020/h2020-guide-open-access.pdf[2022-06-15].

③ 科学数据共享工程技术标准：科学数据共享工程数据分类编码方案[S/OL]. https://max.book118.com/html/2017/0531/110610863.shtm[2006-06].

料。因此，科学数据侧重于研究过程中直接产生的、用于验证研究过程的可重复实验的原始研究数据，OECD、OSTP 等国外机构主要从结果视角阐述了科学数据的概念和内涵。从过程视角来看，科学数据涵盖了广泛的数据类型，不仅包括原始实验结果、仪器输出、用于收集和重构数据的相关协议、数字、图形等资料，还包括在研究过程中获得和衍生出来的数字校稿、文本记录、图像、声音、软件和模型等数据[①]。因此，过程视角下的科学数据的内涵更加丰富，除了包括在传统条件下"理论预测+实验观测"科研过程中所产生的实验观测结果之外，还包括将科学研究对象（包括社会科学领域）以计算机仿真和模拟分析等方式产生的数字表达，以及从原始数据（包含数字表达对象）到中间数据最终到研究结果的科学工作流[②]。

本书中"科学数据"这一概念，根据国内外应用情境的不同，在指代上略有差异。在介绍国外经验的部分，科学数据主要是指在国外政策语境中，基于结果视角的研究数据或科研数据；而在其他部分，则主要指基于过程视角的广义科学数据，即被收集起来并作为推理、讨论或计算基础的所有信息，特别是事实或数字。广义科学数据既包括科学研究过程中直接形成的原始数据，又包括与科学研究相关的、助推科学研究活动的文件、调查结果、音/视频记录等衍生数据。

二、科学数据的特点

科学数据是国家科技创新和发展的基础性战略资源。随着大数据时代的到来，科学数据日益呈现出 4V 特征，并具有巨大的潜在价值和可开发价值[③]。

（一）科学数据体量（volume）大

目前存在着大量从宏观到微观、从自然到社会的观察、感知、计算、

---

① Pampel H, Dallmeier-Tiessen S. Open research data: from vision to practice[J]. Opening Science, 2014: 213-224.

② 钱鹏，郑建明. 高校科学数据组织与服务初探[J]. 情报理论与实践，2011，34（2）：27-29.

③ 潘小多，李新，冉有华，等. 开放科学背景下的科学数据开放共享：国家青藏高原科学数据中心的实践[J]. 大数据，2022，8（1）：113-120.

仿真、模拟、传播等设施和活动中产生的科学数据[①]，这些数据在科学技术研究、试验开发等过程中通过观测、调查等方式获取，并用于科研活动的原始数据及其衍生数据。在大数据背景下，科学数据的产生已从之前实验室中单一设备采集的个体数据转变为通过广泛分布的传感器、摄像头等设备采集的海量数据[②]。王瑞丹等认为，在大数据时代，随着多源、异构海量科学数据的持续产生、积累，数据密集型科学也经历了从传统的基于假设驱动的探索模式，向基于数据进行科学探索的转变。尤其近年来，在生命与健康、天文等学科领域，通过持续观测、监测等方式，产生并积累了海量科学数据，这使得对数据的开放共享与分析挖掘的需求变得更为迫切[③]。

（二）科学数据类型（variety）多

无论是心理学家收集调查数据以更好地了解人类行为，还是艺术家使用数据生成图像和声音，抑或是人类学家使用音频文件记录对不同文化的观察，所有科学领域的学术研究都越来越以数据为导向[④]。此外，根据科学数据产生的过程，可以将其分为以下不同的类型。

（1）观测数据：实时捕获，通常是不可替代的，如传感器数据、调查数据、样本数据和神经图像。

（2）实验数据：从实验室设备中获取，通常是可复制的，如基因序列、色谱图和环面磁场数据。

（3）仿真数据：从测试模型中生成，其中模型和元数据比输出数据更重要，如气候模型和经济模型。

（4）参考数据与规范数据：经过同行评议、系统整理的专业数据集合，通常以数据库形式发布和维护，如基因序列数据库、化学结构数据库或

① 张瑜祯. 科学数据安全问题的成因与解析[J]. 图书情报工作，2024，68（2）：15-28.

② 丁大尉. 大数据时代的科学知识共生产：内涵、特征与争议[J]. 科学学研究，2022，40（3）：393-400.

③ 王瑞丹，高孟绪，石蕾，等. 对大数据背景下科学数据开放共享的研究与思考[J]. 中国科技资源导刊，2020，52（1）：1-5，26.

④ Zhang P, White J, Schmidt D C, et al. FHIRChain: applying blockchain to securely and scalably share clinical data[J]. Computational and Structural Biotechnology Journal, 2018, 16: 267-278.

空间数据门户等。

（5）衍生或编译的数据：由预先存在的数据点转化而来，如数据挖掘、编译数据库和三维模型。

（6）Web 数据：受信息技术革新的影响在互联网环境下产生的行为数据和交易数据[①]。

（三）科学数据处理速度（velocity）快

科学数据处理速度快，可以理解为更快地满足实时需求。目前，许多前沿研究领域取得的重大突破和发现也越来越依赖于海量科学数据的分析、挖掘和利用，科研水平的高低和科研成果的优劣也越来越依赖于科学数据的积累以及将数据转换为知识的能力的双重能力[②]。为了更好地指导科学数据的管理，学术界、工业界、资助机构和出版机构等领域的利益相关者共同构建了科学数据共享和管理的 FAIR 原则。FAIR 原则包括可发现（findable）、可访问（accessible）、可互操作（interoperable）和可重用（reusable）4 项基本原则和 15 条具体指导原则[③]。相比于大数据而言，科学数据具有更易被机器读取、便于用户及时发现、用户和机器无障碍访问、有明确的开放协议许可等优势，因此数据处理速度更快。

（四）科学数据价值（value）高

科学数据的价值主要表现在三个方面，即科学价值、经济价值及社会价值[④]。其中，科学价值表现在它既是科学研究的基础，又是科学研究的"牵引力"；经济价值表现在它可以直接或间接地为数据创建者、数据使用者带来经济效益，各类科研成果、著作权等的转让过程都体现了科学数据的

---

① 李志芳，邓仲华. 国内开放科学数据的分布及其特点分析[J]. 情报科学，2015，33（3）：45-49.

② 王瑞丹，高孟绪，石蕾，等. 对大数据背景下科学数据开放共享的研究与思考[J]. 中国科技资源导刊，2020，52（1）：1-5，26.

③ Data FAIRport. FAIR Principles Living Document[EB/OL]. https://www.datafairport. org/fair_principles_living_document_menu/index.html[2016-01-25].

④ 刘闯. 美国国有科学数据共享管理机制及对我国的启示[J]. 中国基础科学，2003（1）：34-39.

经济价值；社会价值主要表现在提高全民素质、促进全民自我教育、监督违规行为、保障社会稳定、监督政府决策和政府意志的潜在执行等方面①。不同于大数据价值密度低的特点，科学数据蕴藏着巨大的价值，几乎所有的数据都对科学研究具有意义，数据的价值体现在各类数据之中，其价值大小因科研活动的目的而异。

第二节　科学数据从共享到开放共享

从开放获取到开放科学，科学数据共享与科学数据开放共享已经成为开放科学建设和发展的关键要素，也是开放科学活动中重要的支撑体系之一，在以数据为导向的科学研究中扮演着重要的角色。那么，如何界定科学数据共享与科学数据开放共享两者的概念，两者的联系和区别又是什么？需要对两者的概念进行深入的辨析。

一、科学数据共享

在计算机和网络出现之前，个人、组织和政府就已经开始共享数据。然而，在过去的十多年里，数字知识和技能的提升、技术的进步，以及立法框架对数字空间的适应，使得数据的共享速度和规模都达到了前所未有的程度，主要有三个因素极大地扩展了数据共享的范围：①数据的可用性和质量的提高，使得存储、处理和传输数据变得极为便捷。②价值观念的改变，随着对数据的深入理解，数据被视为一种资源，并对其进行了投资，这一做法适用于政府、私人组织和个人。③政策制定者的参与，政策制定者比过去更了解数据对人们生活的影响，并致力于以最好的方式在这一领域进行监管。

在数据共享支持中心（Support Center for Data Sharing，SCDS），"科

---

① 郭明航，李军超，田均良. 我国科学数据共享管理的发展与现状[J]. 西安建筑科技大学学报（社会科学版），2009，28（4）：83-88，100.

学数据共享"指的是与不同类型组织之间进行的任何信息数字交易相关的实践、技术、文化元素和法律框架的集合。"科学数据共享"和"科学共享数据"这两个概念经常被交替使用，然而数据共享支持中心更倾向于"科学数据共享"，原因在于其更加关注的是共享的实践，而不是数据[①]。科学数据共享是指将科学数据提供给有限的研究人员或机构使用，这些人员或机构需要事先获得权限才能使用这些数据。这种共享方式通常采用有限制的访问控制方式，以确保数据的使用仅限于特定的研究目的。科学数据共享通常涉及数据管理、访问控制、数据存储、数据描述和数据共享协议等方面的工作。科学数据共享有助于提高数据的可用性和可重复性，同时也可以避免数据的重复收集和浪费。

二、科学数据开放共享

英国研究与创新署（UK Research and Innovation，UKRI）认为，公共资助的研究数据是一种公共产品，为公共利益而产生，应该及时、负责任地公开，并尽可能减少使用限制[②]。科研的过程是一个各界交流、互相促进的状态，因此科学数据作为科研的内容也应该是流动的、开放的。随着科学研究范式逐步向数据密集型科学转变，以及科学研究国内外合作的逐步加强，为了让高质量科学数据更好地服务科技创新，科学数据的流动逐渐从"共享"升级为"开放共享"。

与上文所述的"科学数据共享"相比，本部分探究的概念多了"开放"二字。联合国教育、科学及文化组织在《开放科学建议书》中将"开放科学"定义为"一个集各种运动和实践于一体的包容性架构，旨在实现人人皆可公开使用、获取和重复使用多种语言的科学知识，为了科学和社会的利益增进科学合作和信息共享，并向传统科学界以外的社会行为者开放科学知

---

① Schriever H, Kostka D. Vaeda computationally annotates doublets in single-cell RNA sequencing data[J]. Bioinformatics, 2023, 39(1): 720.

② UKRI. Publishing your research findings[EB/OL]. https://www.ukri.org/manage-your-award/publishing-your-research-findings/making-your-research-data-open/[2024-12-20].

识的创造、评估和传播进程"①。参考这一定义，我们认为科学数据开放共享意味着科学数据的可获取性变得更高，获取的范围变得更大，获取的难度变得更低。总体来看，科学数据开放共享不仅面向特定的群体，而是力争让所有对数据有需求的用户都能较为便捷地获取和使用科学数据。在科学数据开放共享工作中，通过提高科学研究人员的开放共享意识、建设数据开放共享平台等措施，降低了用户获取数据的成本和难度，使得用户可以通过上网等简单手段便捷地获取数据。此外，科学数据开放共享遵循开放共享协议，共享的方式多种多样，包括开放获取、开放利用、开放存储、开放发布、开放出版、开放引用、开放阅读、开放评审等。

综上所述，"科学数据共享"和"科学数据开放共享"的区别主要体现在数据流通的范围不同上。"共享"更多意味着打通组织或系统内部的壁垒，让科学数据在某一科研单位或某领域的科研人员之间实现内部顺畅流动。而"开放共享"则在"共享"的基础上更进一步，不但让科学数据在本领域、本系统内实现顺畅流动，而且进一步破除各种阻碍科学数据顺畅流通的壁垒，让科学数据向更多的科研单位、更广阔的科研领域内推广普及和流通，乃至实现全社会对科学数据的便捷可获取，公众在遵守保护数据出处相应规则和开放性的原则的前提下，可以自由访问、使用、修改和共享知识。

第三节　科学数据开放共享的基本原则

一、FAIR 原则

2007 年，OCED 发布了《OECD 获取公共资助的研究数据的原则和准则》，该指南适用于有公共资金资助的研究数据，确定了开放性、专业性、

---

① UNESCO. UNESCO Recommendation on Open Science[R]. Paris: UNESCO Publishing, 2021.

互操作性、灵活性、安全性、透明性、合法合规、知识产权保护、责任明晰、数据质量标准明晰、有效性、可计量、可持续等 13 个科学数据管理的具体原则①。2014 年 1 月，洛伦兹会议（Lorentz Workshop）在荷兰莱顿举行。会上，来自科研界、学术界、工业界、资助机构和出版机构等领域的利益相关者共同起草了一份倡议性文件，旨在指导科学数据的管理，并提出了推动数字资源开放共享和管理的 FAIR 原则。随后，FORCE 11 社区②对这些原则进行了改善，并于 2016 年正式发布了 FAIR 原则③。在这之后，FAIR 原则得到科学研究领域特别是科学数据共享和管理领域的广泛关注和采纳④。2016 年 7 月，欧盟发布了《"地平线 2020"项目中数据管理的 FAIR 指南》，该指南以 FAIR 原则为基础，明确规定所有参加开放研究数据先导计划的项目，均必须按照 FAIR 原则提交数据管理计划（data management plan，DMP），以评估数据管理成效和开放研究数据质量⑤。2019 年 9 月，开放科学数据政策与实践国际研讨会在北京召开，此次研讨会通过了《科研数据北京宣言》。该宣言以 FAIR 原则为基本准则，强调了科研数据的开放共享要在遵循 FAIR 原则的基础上展开，从而确保了科研数据可发现、可访问、可互操作和可重用⑥，具体内容见表1.2。

---

① OECD. OECD Principles and Guidelines for Access to Research Data from Public Funding[EB/OL]. https://www.oecd.org/en/publications/oecd-principles-and-guidelines-for-access-to-research-data-from-public-funding_9789264034020-en-fr.html[2007-04-12].

② FORCE11 社区，the Future of Research Communications and e-Scholarship，即"研究交流与数字学术未来"组织，是一个由研究人员、出版商、图书馆员和软件开发商组成的社区。

③ 邢文明，郭安琪，秦顺，等. 科学数据管理与共享的 FAIR 原则：背景、内容与实施[J]. 信息资源管理学报，2021，11（2）：60-68，84.

④ 邱春艳. 开放科学愿景下欧盟推进 FAIR 原则的路径、经验及启示[J]. 情报理论与实践，2021，44（5）：199-205.

⑤ 姜恩波，李娜. 开放科学环境下的欧盟研究数据开放共享研究[J]. 世界科技研究与发展，2020，42（6）：655-666.

⑥ 邢文明，杨玲. 中美科学数据政策比较：以《科学数据管理办法》和《促进联邦资助科研成果获取的备忘录》为例[J]. 图书馆论坛，2022，42（11）：113-121.

表 1.2　科学数据管理的 FAIR 原则

相关规定	科学数据管理要求
《OECD 获取公共资助的研究数据的原则和准则》	开放性、专业性、互操作性、灵活性、安全性、透明性、合法合规、知识产权保护、责任明晰、数据质量标准明晰、有效性、可计量、可持续
FAIR 原则	可发现、可访问、可互操作、可重用
《"地平线 2020"项目中数据管理的 FAIR 指南》	可发现、可访问、可互操作、可重用
《科研数据北京宣言》	按照 FAIR 原则的精神推动科学数据的开放共享（可发现、可访问、可互操作、可重用）

资料来源：笔者整理

目前，FAIR 原则是国际公认的科学数据管理基本准则，要求数据应满足可发现、可访问、可互操作和可重用 4 个要求，并对唯一永久标识符、描述性元数据、词汇表、通信协议、使用许可等进行了细化要求。国内外各大高校和科研机构也在此基础上，对数据自身的管理提出了具体的要求。例如，澳大利亚墨尔本大学要求数据必须准确、完整、真实、可靠、可识别、可检索、可用、遵守法律义务和供资机构规则；英国贝尔法斯特女王大学要求数据准确、完整、真实、可靠、可识别、可检索，并在需要时可用以及安全可靠[①]。越来越多的科研机构认识到科学数据管理的重要性，并针对科学数据提出了一些具体的数据管理原则和要求。具体来说，科学数据管理的基本原则是在数据准确性、完整性、真实性、可靠性等基础上，保证科学数据的可发现、可访问、可互操作和可重用，从而促进科学数据共享实践的发展。

二、CARE 原则

现有的一些原则（如 FAIR 原则）以及其他数据管理框架主要聚焦在数据特征层面，以促进不同数据主体之间扩大共享范围。然而，这些原则和框

---

① 夏义堃，管茜. 基于生命周期的生命科学数据质量控制体系研究[J]. 图书与情报，2021（3）：23-34.

架忽略了不同国家的权力差异和历史背景，没有考虑到当地居民的数据权力和利益。2019 年，全球本土数据联盟（Global Indigenous Data Alliance，GIDA）提出本土数据治理原则——The CARE Principles for Indigenous Data Governance（简称 CARE 原则）。CARE 原则是对 FAIR 原则以及其他数据管理框架的补充，并在当代开放数据环境中促进公平参与和数据访问、使用、重用和归属[1]。CARE 原则规定，本土数据的使用应通过包容性发展和创新、改善治理和公民参与，为集体带来切实的利益，并产生公平的结果[2]。

CARE 原则包括集体利益、控制权、责任和伦理四个基本方面[3]。

（1）集体利益。数据生态系统的设计和运作应使当地居民能够从数据中受益。当数据生态系统被设计为支持当地居民，并且在资源分配中使用或再利用数据符合科学价值观时，集体利益就更有可能实现。

（2）控制权。必须承认当地居民对本土数据的权利和利益，并赋予他们控制此类数据的权利，包括确定权益归属、数据治理以及治理数据等方面的权利。《联合国土著人民权利宣言》（United Nations Declaration on the Rights of Indigenous Peoples，UNDRIP）主张当地居民在数据方面的权利和利益，以及他们控制其数据的权力[4]，因此当地居民应当积极参与数据治理过程。

（3）责任。那些使用本土数据的人有责任分享如何使用数据来支持当地居民的集体利益。鉴于大部分本土数据由非当地机构控制，因此有责任以尊重的态度与这些机构沟通，以确保本土数据的使用，提高数据治理能力，并加强本地的语言和文化。

（4）伦理。当地居民的权利和福祉应是数据生命周期所有阶段和整个

---

① Research Data Alliance International Indigenous Data Sovereignty Interest Group. CARE Principles for Indigenous Data Governance[EB/OL]. https://www.gida-global.org/care [2019-09-17].

② Carroll S, Garba I, Figueroa-Rodríguez O, et al. The CARE principles for indigenous data governance[J]. Data Science Journal, 2020, 19(1): 43.

③ Atlantic DataStream. FAIR and CARE Data Principles[EB/OL]. https://atlanticdata stream.ca/en/article/fair-and-care-data-principles[2020-08-24].

④ 联合国. 联合国土著人民权利宣言[R/OL]. https://www.un.org/development/desa/indigenouspeoples/wp-content/uploads/sites/19/2019/06/UN-Declaration-Rights-of-Indigenous-Peoples_DGC-WEB-CH.pdf[2007-09-13].

数据生态系统的首要关注点，力求避免损失并实现利益最大化。在科学数据管理过程中，数据伦理也应该贯穿数据生命周期的始终，尽可能减少数据不当使用带来的损失，实现当地居民利益水平的最大化。

由此可见，CARE 原则是数据生产者、管理者、出版商等利益主体的指导原则。通过完整的数据实践遵循 CARE 原则，可以确认当地居民的自决权，最终解决与隐私、未来使用和集体利益有关的复杂问题，并提高数据的再利用价值[①]。

随着开放共享运动的进一步发展，世界各国在推广 FAIR 原则的同时，也需要重视当地居民数据权益的保护。实践表明，将 CARE 原则作为实现开放数据和 FAIR 原则的重要补充是十分必要的[②]。FAIR 原则主要关注数据的技术特性，而 CARE 原则则强调以人为本、注重目的性[③]。FAIR 原则与 CARE 原则的结合应用，既可以提高数据的机器可操作性，又能确保当地居民在数据生命周期中的权益得到保障。

三、TRUST 原则

科学数据管理和保存一直是图书馆、档案馆和域名存储库等学术机构的核心任务，其他许多利益相关者也参与其中，包括研究人员、资助者、基础设施和服务提供商[④]。在开放科学和开放数据运动过程中，科学数据管理在科学界内外正受到越来越多的关注。现有的 FAIR 原则强调，需要通过定义数据对象的基本特征以确保数据是可发现的、可访问的、可互操作的和可重用的，从而保证数据可以被人类和机器重用[⑤]。然而，要使数据既符合

---

① Carroll S, Garba I, Figueroa-Rodríguez O, et al. The CARE principles for indigenous data governance[J]. Data Science Journal, 2020, 19(1): 43.

② Carroll S R, Herczog E, Hudson M, et al. Operationalizing the CARE and FAIR principles for indigenous data futures[J]. Scientific Data, 2021, 8(1): 108.

③ Atlantic DataStream. FAIR and CARE Data Principles[EB/OL]. https://atlantic datastream.ca/en/article/fair-and-care-data-principles[2020-08-24].

④ Mokrane M, Parsons M A. Learning from the international polar year to build the future of polar data management[J]. Data Science Journal, 2014, 13: PDA88-PDA93.

⑤ Wilkinson M D, Dumontier M, Aalbersberg J I, et al. The FAIR guiding principles for scientific data management and stewardship[J]. Scientific Data, 2016, 3: 160018.

FAIR 原则，又能长期保存，就需要可值得信赖的数据存储库，该存储库应具备可持续的治理和组织框架、可靠的基础设施以及相应的综合政策。

2013 年，欧盟委员会、美国国家科学基金会（National Science Foundation，NSF）、美国国家标准与技术研究院（National Institute of Standards and Technology，NIST），以及澳大利亚政府的创新部门建立研究数据联盟（Research Data Alliance，RDA），旨在建立社会和技术基础设施，以实现数据的开放共享和重复使用。TRUST 原则的概念源于 RDA 成员的探讨，并在 2019 年 RDA 第 13 次全体会议的"数字存储库认证工作组"（RDA/WDS Certification of Digital Repositories Working Group）分会中首次正式提出并展开讨论[①]。2019 年 4 月，美国费城举行主题为"RDA/WDS 数字存储库认证：建立 TRUST，实现 FAIR——生命科学、地球科学和人文科学认证的新需求"的学术讨论会，来自不同学科的 RDA 成员共同探讨科学数据存储的相关问题，并在《自然》（Nature）、《科学数据》（Scientific Data）等期刊上发表主题为"数字存储库的 TRUST 原则"的相关文章。TRUST 原则已经得到了许多致力于储存和开发数据资源的组织的认可，特别是专注于数字研究、数据管理的组织。RDA 成员、哥伦比亚大学国际地球科学信息网络中心（The Center for International Earth Science Information Network，CIESIN）主任罗伯特·S. 陈（Robert S. Chen）博士指出："TRUST 原则将帮助我们确保过去和现在的详细数据得到保存，并能被科学和社会长期使用，这些数据对于理解、预测和适应快速变化的未来至关重要。"[②]

TRUST 原则为科学数据管理的数据存储库建设提供了一个共同的数据管理框架，以促进不同利益相关者进行数据管理的实践，包括透明度（transparency）、责任（responsibility）、以用户为中心（user-centricity）、可持续性（sustainability）、技术（technology）五个基本方面[③]，如表 1.3 所示。

---

① Lin D W, Crabtree J, Dillo I, et al. The TRUST principles for digital repositories[J]. Scientific Data, 2020, 7(1): 144.

② Chen R S. The TRUST Principles: An RDA Community Effort[EB/OL]. https://archive.rd-alliance.org/trust-principles-rda-community-effort[2020-06-15].

③ Lin D. The TRUST Principles for Trustworthy Data Repositories—An Update [EB/OL]. https://archive.rd-alliance.org/system/files/documents/TRUST_RDA_IG_2019_0.pdf [2019-09-12].

表 1.3 科学数据管理的 TRUST 原则

原则	具体相关内容
透明度	数字存储库应公开披露其运营政策，包括完整的数据使用条款和许可协议、数据保存期限的明确规定、提供的增值服务内容，以及敏感数据的处理流程等
责任	遵守规范的元数据标准，并实施全面的数据管理措施，包括在技术层面进行数据验证和质量控制，提供完整的数据文档，确保数据真实性，以及实施长期保存策略；提供数据服务，如门户和机器接口、数据下载或服务器端处理；管理数据生产者的知识产权，保护敏感信息资源，以及系统及其内容的安全
以用户为中心	实施数据指标并将其提供给用户；提供数据目录以促进数据发现；监测和识别用户期望的变化，并根据需要做出反应以满足这些不断变化的需求
可持续性	对风险缓解、业务连续性、灾难恢复等问题进行充分规划；确保资金能够持续使用，并维持数据存储被委托保存和传播的数据资源的属性；对数据进行长期保存和管理，使数据资源在未来保持可发现、可访问和可使用
技术	采用适当的标准、工具和技术进行数据管理和整理；制订计划和机制来预防、检测和应对网络或物理安全等威胁

（1）透明度：对特定存储库服务中可公开访问的证据验证和数据持有保持透明。所有的潜在用户都能够轻松地找到和获取关于数据存储库的范围、目标用户群、政策和能力的信息并由此受益。这些领域的透明度为用户提供了一个了解存储库的机会，并考虑它是否适合用户的具体要求，包括数据存储、数据保存和数据发现。为了符合这一原则，存储库应确保至少清楚地说明存储库的任务声明和范围。

（2）责任：负责确保数据持有的真实性、完整性、可靠性、持久性。责任主体既可以通过一些法律手段来明确数据主体的责任，也可以采取自愿遵守道德规范的形式，从而确保数据的可发现性和有用性。

（3）以用户为中心：确保满足目标用户的数据管理规范和期望。科学数据的共享和再利用是科学过程的一个重要组成部分，不同学科背景的用户应该能在其领域的数据存储库中找到想要的数据集，并且能够重复利用这些科学数据。因此，数据存储库应该执行的数据标准包括元数据模式、数据文件格式、受控词汇表、本体和其他存在于用户领域的语义描述。

（4）可持续性：维持服务并长期保存数据。科学数据可持续性的目的是确保当前和未来的数据用户能够不间断地访问数据。随着时间的推进，需要采用新的或改进服务来满足不断变化的用户群体的需求。

（5）技术：提供基础设施和技术能力来保证数据的安全、持久和可靠服务。数据存储库的建设需要人员、流程和技术的相互作用，依赖于软件、硬件和技术服务的支持，从而保障数据的安全、持久和可靠服务。

TRUST 原则建立在 FAIR 原则的基础之上，是对 FAIR 原则的补充与完善。TRUST 原则提供了一个助记符，提醒数据存储库的利益相关者需要开发和维护基础设施，以促进对数据的持续管理，并支持研究人员未来使用他们的数据[①]。然而，TRUST 原则本身并不是目的，而是一种促进与所有利益相关者沟通的手段，为数据存储库的数据管理提供指导，从而体现透明度、责任、以用户为中心、可持续性和技术。当数据存储库、资助者和数据创建者采用 FAIR 原则并实施 TRUST 原则时，用户可以直接、高效、方便、快捷地获取自己所需要的数据，进而推动科学研究的进步。从总体来看，TRUST 原则的利益相关者共同促进了科学研究领域的变革和进步，从而进一步推动了开放科学和开放数据运动的发展。

第四节　科学数据开放共享的相关政策议题

一、科学数据权属问题

科学数据与科学研究关系密切，作为国家科技战略资源，其具有重要作用。因此，对科学数据属性的界定和权属的探讨是科学数据管理和共享中无法回避的问题，有必要就科学数据权属的相关问题以及国外典型国家和国际组织相关的政策、法律及具体制度进行梳理与探讨。

科学数据权属不同于一般数据权属，它不仅需要突破传统所有权的观念，而且要从主体权利出发，探究其内在逻辑与意义。具体而言，科学数据的共享特征决定了其权利形态的非排他性，知识产权不能解决科学数据的确权问题，因此科学数据确权需要构建新的产权保护模式。在科学数据确权问

---

① National Institutes of Health. "The TRUST Principles for Digital Repositories" Published in Scientific Data[EB/OL]. https://datascience.nih.gov/news/the-trust-principles-for-digital-repositories-published-in-scientific-data[2020-06-01].

题上，采取突破传统所有权的新观念势在必行。

科学数据的权属问题涉及多个利益相关主体，需要综合考虑各方权益。在阐明数据权属的基本概念的基础上，分析科学数据权属界定中的主要困境及其解决思路。进一步地，重点探讨四类主体的权益问题：一是国家资助机构作为科学数据产生的重要推动者，其对数据的权利以及对受资助者知识产权的认可机制；二是研究机构（如哈佛大学、NASA 等）对数据的所有权和知识产权；三是作为科研活动直接参与者的研究人员所享有的具体数据权利；四是在数据涉及个人隐私、商业秘密等情况下，相关权益主体的保护机制。

二、科学数据的质量管理

科学数据的质量管理工作侧重于从计划、技术、格式、人员方面展开对科学数据的质量控制，大致可以划分为数据层和主体层。

（一）数据层

数据层是主要以科学数据为管理对象，以科学数据生命周期为主轴所提出和执行的管理措施，由计划阶段、采集阶段、处理阶段、存储阶段、共享与重用阶段组成。

（1）计划阶段。科学数据质量管理计划是确保科学数据适用于研究领域中的各种应用程序和业务流程的前提保障。模糊不清的科学数据质量管理计划会影响研究人员未来的研究进展，忽视质量管理措施可能导致数据污染、丢失、无法互通等问题。

（2）采集阶段。科学数据采集阶段标志着数据生命周期的正式开始，因此明确采集范围、采集数据格式等要求，是确保初始数据的准确性和真实性的关键。作为科学数据质量管理的重要基础，科学数据采集必须符合一致的标准原则，机构或数据联盟等标准组织也需要随着数据类型的变动，动态调整数据标准，以确保科学数据采集和提交标准的统一性。

（3）处理阶段。对科学数据进行准确处理需要建立在标准化的元数据基础之上。对于科研界而言，统一的元数据标准具有显著提升科学数据理解深度、增强数据跨平台互操作性能以及促进数据高效再利用的积极作用。此外，实施数据索引机制不仅确保了数据资源的唯一性标识，还构建了数据的可追溯性框架，确保了数据有迹可循。

（4）存储阶段。科学数据存储需要针对科学数据的完整性、规范性、可互通性和长期性特征，有规划地开展存储工作。研究人员需要对科学数据的类别进行明确界定，确保将数据存储到高质量、符合数据存储条件的数据库。对于少量的日常性研究数据，同样需要给予关注，及时进行数据的备份和迁移等工作。

（5）共享与重用阶段。科学数据的共享必须严格遵守数据共享政策和规定。在数据共享过程中，规范性地引用数据，并注明数据来源和出处，这一点至关重要。研究人员也需要采用标准化的数据共享和分析工具，以避免在共享过程中出现数据污染或数据残缺等情况，从而提升数据的重用效率。

（二）主体层

主体层是指科学数据质量管理战略体系的各类管理主体，以及负责质量管理实施工作的质量管理人员等。

（1）各类管理主体。参考主体责任与义务，数据质量的管理主体可分为组织战略层面主体与管理实践层面主体。组织战略层面的主体针对数据质量管理任务，从战略视角出发，提出建设性的管理政策和要求，包括科研机构、高校、政府等；管理实践层面的主体则是基于整体的质量管理目标，具体执行数据质量管理工作的直接人员，包括研究人员、质量管理小组、质量管理部门等。

（2）质量管理人员。对于不涉及长期性的数据管理、分析、服务支持的研究人员而言，适当的管理职责和质量管理工具的使用方法培训等也是十分必要的。对于需要长期管理研究数据的研究人员和专业人员，部分机构提出了更具针对性、前瞻性和专业性的培养计划。

三、科学数据的分级分类

分级分类是科学数据管理的重要内容，科学数据的安全级别根据科学数据的类型和科学数据所有者的需求而有所变化。为科学数据划分安全等级在不同的国家有不同的标准。在美国，科学数据安全被纳入信息安全管理体系。美国 NIST 于 2004 年 2 月发布的《联邦信息和信息系统安全分类标准》（Standards for Security Categorization of Federal Information and Information Systems，以下简称《信息安全分类标准》）为科学数据安全管理提供了基本依据①。《信息安全分类标准》从保密性、完整性和可用性三个维度评估了信息安全风险，并将潜在不利影响程度划分为低、中、高三个等级。美国的高校普遍采用这一标准进行科学数据分级管理，有的学校直接采用三级分类法，与标准保持一致；而有的学校则根据自身需求，将其扩展为四级或五级分类体系，以实现更精细化的管理。采取三分法的主要有耶鲁大学、麻省理工学院（Massachusetts Institute of Technology，MIT）等，采取四分法的主要有加州大学伯克利分校、佐治亚大学等，哈佛大学采取的则是五分法。每一所大学的分类体系都有自己的特点，在等级命名上，只有采取三分法的耶鲁大学与 MIT 的命名方式一致，采取四分法的几所大学，每一个等级的命名都不尽相同。虽然不同的大学有不同的划分方式，但是根据每所大学的划分依据，对不同等级的概念及其列举进行比较，可以发现不同的划分方式之间有大致的对应关系。如果将科学数据的等级由高到低进行排序，那么被划分到最低层次的科学数据一般都是公开数据（public data）。因此，它所面临的问题并不是如何对其进行保护，而是如何解决其未经授权而被使用的问题。被命名为公开数据的那部分科学数据风险较小，因此只需要较低级别的安全机制。在这种情况下，可以采用更低或更经济的加密技术。那么，风险等级最高的科学数据，不管大学将其表述为敏感数据、高风险数据还是防护等级最高的数据等，我们都可以发现这个等级的科学数据一般是可以识别到个人的数据，如人类受试者信息、健康信息等。

---

① NIST. Standards for Security Categorization of Federal Information and Information Systems[R]. Gaithersburg: National Institute of Standards and Technology, 2004.

通过对比这几所大学在科学数据分级分类上采取的方法与内容，可以总结归纳出以下值得学习的优点。首先，除了对科学数据安全等级进行分类，科学数据的防护等级也是数据安全考虑的重要因素；其次，应当对科学数据进行单独的分级分类；最后，在对科学数据进行分级分类时，应当将国家安全因素纳入考虑范围。

四、科学数据安全治理

科学数据安全治理是指从决策层到技术层，从管理制度到工具支撑，自上而下建立科学数据安全保障体系和保护生态，形成贯穿整个组织架构的完整链条。组织内的各个层级之间需要对科学数据安全治理的目标和宗旨达成共识，确保采取合理和适当的措施，以最有效的方式保护信息资源[①]。科学数据安全治理，是维护科学数据资产的保密性、完整性和可用性，其主要目标就是确保科学数据资产的安全性。近年来，随着我国科技投入的不断加大，科技创新实力不断提升，科学数据呈现出"井喷式"增长状态，而科技创新越来越依赖于大量、系统和高安全性的科学数据，如何安全有效地治理科学数据成为当下必须解决的难题。

科学数据安全治理对科学数据转化为科研成果起着重要的保障作用，其中政府科研主管部门、科研项目资助机构、科学数据中心和科研组织等主体在科学数据安全治理中扮演着不可或缺的角色。

（1）政府科研主管部门是政府指定的科研行政单位，引领着科学数据安全治理的主要方向。

（2）科研项目资助机构是为科研项目提供重要资金的机构，通过资助科研组织、科研人员以及科研项目，推动科学的发展。

（3）科学数据中心是促进科学数据开放共享的重要载体，为了促进科学数据资源共享、提高科学研究的支持保障水平，国内外越来越重视科学数据的管理，并兴建了一大批科学数据中心。

---

① 中关村网络安全与信息化产业联盟数据安全治理专业委员会. 数据安全治理白皮书4.0[R/OL]. https://dsj.guizhou.gov.cn/xwzx/gnyw/202206/t20220609_74678503.html[2022-06-09].

（4）科研组织包括科研院所和高等院校等，是科研项目运行的主要实施者，也是科学数据的生产地。在搭建科学数据安全治理架构方面，科研组织必须进行广泛的探索并认真考虑。

在科学数据安全治理的大背景之下，需要从政府科研主管部门、科研项目资助机构、科学数据中心以及科研组织这四个责任主体着手，明确各个主体在科学数据管理中所承担的责任和义务，保证科学数据在安全可控的状态下充分发挥其价值。

第二章
科学数据权属界定

当今社会，数据已然成为一个不可回避并能产生价值的客观存在。从法律角度看，数据是否构成一类财产并产生财产权益（利）尚无定论。在实践中，对产生或者采集的数据进行使用（重用）、分享、加工、处分的探索已经相当成熟。尽管各个国家在政策制度、数据协议等方面的做法并不完全一致，赋予数据主体及数据本身的具体权利/权益也不相同，但都无法回避数据的权属问题，数据权属对数据的有效利用至关重要。科学数据作为一种数据，由于其与科学研究的密切关系以及作为国家重要的科技战略资源，对其属性的界定和权属的探讨成为科学数据管理中急需解决的关键问题。本章通过梳理国外典型国家和相关国际组织的政策、法律及具体制度，以期对我国科学数据权属界定提供一定的借鉴。

第一节　数据权属和科学数据权属的概念

一、数据权属的概念

"权属"是"权利归属"的简称，是确定不同情形下权利主体与权利客体关系的制度安排。一般情况下，先有权利才有归属，数据权属包括赋权和确权两个问题。数据是一种有价值的财产，但是对数据赋权和确权则存在很大争议。对数据权属的定义，大多数学者是从所有权（ownership）的角度进行界定的，相近的英文表述还有 attribution，后者在中文中常被译为"归属"。例如，何波认为，"数据权属问题也被描述为数据确权或数据产权问题，其核心宗旨是针对不同来源的数据，厘清各数据主体之间错综复杂的权利关系，通过法律制度等方式明确数据产权的归属"[1]；石丹认为，数据财产权体系最重要的是数据权利归属，即数据所有权属于谁[2]；李慧敏、王忠发现，在一些文献中也存在将"数据权属"直接等同于"数据所有权"的用法[3]。但也有学者持有数据权属不仅指数据所有权，还包括其他方面权利的观点。例如，付伟、于长钺分析发现，当前数据权属问题研究主要包括从主权角度研究数据主权问题、从物权角度研究数据产权问题、从人格权角度研究数据保护问题等三个研究视角[4]。可见，数据权属的界定取决于数据的法律属性以及数据体现的权利形态。当前，数据的法律属性不明导致难以明确具体赋予数据何种法律权利，加之数据类型复杂、环节多、投资主体多元

---

① 何波. 数据权属界定面临的问题困境与破解思路[J]. 大数据，2021（4）：3-13.

② 石丹. 大数据时代数据权属及其保护路径研究[J]. 西安交通大学学报（社会科学版），2018，38（3）：78-85.

③ 李慧敏，王忠. 日本对个人数据权属的处理方式及其启示[J]. 科技与法律，2019（4）：66-72，88.

④ 付伟，于长钺. 数据权属国内外研究述评与发展动态分析[J]. 现代情报，2017，37（7）：159-165.

化，也造成难以统一确定数据权属[①]。

归纳起来，当前对数据法律属性的认识包括人格权益说、财产权益说、知识产权说、新型财产权说、复合权利说等多种观点。尽管《中华人民共和国民法典》提出了对数据进行保护[②]，但是其权利属性及类型至今并没有立法规定。在我国现有法律体系下，数据所蕴含的人格和财产权益无法得到完整、明晰的权属界定。从人格权益的角度来看，对个人信息和数据处理行为的规范，并非赋权数据本身。从财产权益的角度来看，数据所具有的非排他、非稀缺、可复制性特征，无法满足传统物权法对"物"的独立性、排他性要求。从知识产权的角度来看，能够满足专利权、著作权或商业秘密要件的数据类型较少，依托知识产权法保护的数据范围十分有限。因此，现有法律难以为数据确权提供足够的支持，需要根据数据的本质属性进行探索。

二、科学数据权属的概念

科学数据权属界定与数据权属界定一脉相承，是指如何确定科学数据的权利并赋予哪些主体享有这些权利。科学数据虽然属于数据的一种，但与一般数据相比，其权属问题更加突出和迫切。对科学数据权属进行界定时需要考虑如下因素：其一，科学数据产生的方式以国家（政府）财政资助为主，这决定了科学数据的权属不同于企业数据，也不同于个人数据，其产生之初就带有公共属性。其二，除了满足《中华人民共和国数据安全法》以及其他数据安全管理规定外，科学数据以共享为其本质特征，这也决定了其归属需要特别的制度设计。其三，科学数据的生产主体是研究人员，且科学数据往往是研究人员进行后续智力成果创作的基础材料，因此对研究人员的权益保护和激励是确保科学数据有效管理和共享的关键。

---

① 唐素琴，曹婉迪. 对我国科学数据权属界定的若干思考[J]. 科技与法律（中英文），2023（2）：32-41.

② 《中华人民共和国民法典》第一百二十七条提出："法律对数据、网络虚拟财产的保护有规定的，依照其规定。"

第二节　科学数据权属界定的困境及其解决思路

《中华人民共和国民法典》未对数据相关权利的性质及类型做出明确规定，这导致科学数据权属界定在基本法层面缺乏依据。但是，《中华人民共和国科学技术进步法》作为科技领域的基本法，对科学数据的开放共享及相关法律责任等进行了规定，但并未触及科学数据的权属问题。《科学数据管理办法》规定，法人单位对数据有"采集生产和加工整理"从而形成数据库或者数据集的权限，并提出了科研人员享有数据的发表权。但是，对于科学数据在采集、汇交、保存、共享、利用等不同环节中相关主体的权利和义务关系，并未做出相关规定[①]。因此，如何有效界定科学数据权属，亟须探索新的思路和观念。

一、确定科学数据权属的新观念

（一）科学数据的共享特征决定了其权利形态的非排他性

排他性是指特定客体的利益，这种利益只能由特定权利人排他实现，是确权的核心内容。在传统物权领域，动产物权以占有作为权利享有的公示方法，不动产物权以登记作为权利享有的公示方法[②]。但是，这些现有的所有权规则在数字资产领域却不能很好地适用。由于复制数字文件非常简单，占有本身已经不能表征法律权利的享有了[③]。数据所有权问题早在 20 世纪 90 年代就成为美国社会关注的重要问题，学术研究过程中因数据引发的争

---

① 唐素琴，曹婉迪. 对我国科学数据权属界定的若干思考[J]. 科技与法律（中英文），2023（2）：32-41.

② 梁慧星，陈华彬. 物权法[M]. 7 版. 北京：法律出版社，2020：91.

③ 亚伦·普赞诺斯基，杰森·舒尔茨. 所有权的终结：数字时代的财产保护. 赵精武译. 北京：北京大学出版社，2022：278.

议也频繁发生。科学数据权属的重要性源于"谁拥有了数据，谁就拥有了控制数据传播的时机、出版以及数据保存和销毁的最终能力"[①]。与传统权利客体相比，数据存在"一数多权"的现象。当前，数据价值呈指数级增长，数据确权在激励数据产生方面的效果可能出现边际效应，因此，数据共享的成本问题需要引起关注。特别是，基于许可权分发的知识共享方案，有望调和传统版权保护"保留所有权"与公共领域"不保留权利"之间的矛盾[②]。科学数据的特殊性使越来越多的人认为不能通过传统的版权或所有权方式确定科学数据权属。甚至有学者指出，当今"所有权不再被重视的时代不但不可避免而且已经到来"[③]。在新兴技术发展背景下，对科学数据所有权的主张是基于有缺陷的模型和不可信的论据[④]。此外，引起科学数据管理和控制权争论的难题不仅仅是法律问题，还包括科技伦理问题，这也使得科学数据确权问题更加复杂。

（二）知识产权不能解决科学数据的确权问题

数据并不排斥知识产权的保护。大数据的汇编必须在选择或编排上具有原创性，才能获得版权法的保护。以与卫生相关的研究数据为例，电子健康记录、患者病历、基因组数据、药物数据、测试结果和移动应用程序的汇编等内容可能通过版权、独特的数据库权和商业秘密进行保护[⑤]。但是随着大数据的快速发展，现有的法律框架难以适应其发展变化。2022年11月，《国家知识产权局办公室关于确定数据知识产权工作试点地方的通知》（国

[①] Fishbein E A. Ownership of research data[J]. Academic Medicine, 1991, 66(3): 129-133.

[②] Kansa E C, Schultz J, Bissell A N, Protecting traditional knowledge and expanding access to scientific data: juxtaposing intellectual property agendas via a "some rights reserved" model[J]. International Journal of Cultural Property, 2005, 12(3): 285-314.

[③] 亚伦·普赞诺斯基，杰森·舒尔茨. 所有权的终结：数字时代的财产保护[M]. 赵精武译. 北京：北京大学出版社，2022：250.

[④] Andanda P. Towards a paradigm shift in governing data access and related intellectual property rights in big data and health-related research[J]. IIC-International Review of Intellectual Property and Competition Law, 2019, 50(9):1052-1081.

[⑤] Andanda P. Towards a paradigm shift in governing data access and related intellectual property rights in big data and health-related research[J]. IIC-International Review of Intellectual Property and Competition Law, 2019, 50: 1052-1081.

知办函规字〔2022〕990 号）发布，标志着数据知识产权地方试点工作的启动，并开展了数据知识产权登记工作。2024 年 8 月，北京知识产权法院发布了首个涉及《数据知识产权登记证》效力认定的案件判决书，确认登记证对数据集合的证明效力①。还有学者不但认可数据知识产权的保护模式，并已经开始探索数据知识产权交易市场的构建②。但是，这些举措仍然难以从根本上解决数据权利及权属问题。因为如果信息或数据集是以事实的方式呈现的，则数据的收集可能不符合专利保护或版权保护的条件。《数字时代知识发现海牙宣言》提出："知识产权的目的不是为了规范事实和思想的自由流动，而是将促进研究活动作为其中一个关键目标。……许可证和合同条款不应限制个人使用事实、数据和想法。"（这与《与贸易有关的知识产权协定》第 9 条的精神相一致）这意味着必须尊重其他用户访问信息的权利③。因此，在新的科技革命背景下，以知识产权作为保护数据的方式显然难以满足数据迅速发展的需要。

（三）科学数据确权需要构建新的产权保护模式

既然数据不是专有权或所有权的对象，现有法律框架难以有效规范数据，因此需要创建新的规范框架。新规范框架必须能够平衡社会、个人和行业在数据方面的利益，以确保公平获取。倡导采用一种基于监管的规范框架，以确保利益攸关方之间的责任分配。在这种监管框架下，将产生数据的保管权而非所有权④。欧盟一些成员国已经在修改其法律框架，例如允许政府机构使用私有数据、进行科研目的的数据处理和修订竞争法等⑤。

---

① "隐木（上海）科技有限公司与数据堂（北京）科技股份有限公司不正当竞争纠纷上诉案"〔（2024）京 73 民终 546 号〕。

② 胡锴，熊焰，梁玲玲，等. 数据知识产权交易市场的理论源起、概念内涵与设计借鉴[J]. 电子政务，2023（7）：27-42.

③ Andanda P. Towards a paradigm shift in governing data access and related intellectual property rights in big data and health-related research[J]. IIC-International Review of Intellectual Property and Competition Law, 2019, 50(9): 1052-1081.

④ Andanda P. Towards a paradigm shift in governing data access and related intellectual property rights in big data and health-related research[J]. IIC-International Review of Intellectual Property and Competition Law, 2019, 50(9): 1052-1081.

⑤ European Commission. A European Strategy for Data[R]. Brussels, 2020.

如果将科学数据作为传统所有权的客体，会面临很多难以解决的困难①。英国皇家学会和英国国家学术院在《数据管理和使用：21 世纪的治理》（2017 年）报告②中提到：虽然英国皇家工程院强调了跨部门数据所有权的重要性，并将数据作为保护资产、实现价值的关键组成部分，但也承认所有权概念的不确定性可能成为有效交易和数据传输的障碍。英国法院一再认为数据不是财产，因此不存在传统的所有权，也不存在数据访问权。英国皇家工程院、英国工程技术学会在《连接数据：推动生产力和创新》（2015 年）③中讨论"数据所有权和知识产权"时提及，通常很难确定以新方式产生数据的所有权归属，因为数据通常是协作收集和分析的，并以联网汽车数据所有权难以确定是归汽车所有者还是制造商为例论证了这一点。波茨坦大学的《研究数据政策和处理研究数据的建议》④（2019 年）在"知识产权"部分指出，研究数据的所有权和使用权往往不明确，这可能会限制其重用；因此，建议多人参与的项目在早期就应明确约定各参与者的数据权利。

二、界定科学数据权属的主体视角

确定科学数据的权属过程就是厘清其相关主体贡献和权益的过程。不管是从资助视角还是从科学数据的产生、流通视角，科学数据主体的参与程度和权利让渡方式都与主体密切相关。特别是研究人员在科学数据形成中的特殊作用，以及其对科学数据权属确定的影响会更大。因此，从主体视角探讨科学数据权属的界定具有合理性。

---

① 唐素琴，曹婉迪. 对我国科学数据权属界定的若干思考[J]. 科技与法律（中英文），2023（2）：32-41.

② Royal Society, British Academy. Data Management and Use: Governance in the 21st Century[EB/OL]. https://royalsociety.org/topics-policy/projects/data-governance/[2017-06-01].

③ Royal Academy of Engineering, Institution of Engineering and Technology. Connecting Data: Driving Productivity and Innovation[EB/OL]. https://www.theiet.org/media/9512/connecting-data-driving-productivity-and-innovation.pdf [2015-11-01].

④ University of Potsdam. Research Data Policy and Recommendations for the Handling of Research Data[EB/OL]. https://publishup.uni-potsdam.de/frontdoor/index/index/docId/44438 [2019-10-09].

（一）厘清科学数据所及的利益相关者及其权益

对科学数据的权属划分应当从主体视角进行思考。从主体的类型看，涉及科学数据的主体包括国家（或者代表国家的代理机构）、研究机构（大学及科研院所）、专门的存储和加工机构以及研究人员等。从科学数据流动的不同环节看，科学数据所及的利益相关者包括科学数据的生产者、资助者、组织者、发布者、传播者、管理者和利用者等诸多主体[①]。在很多情况下，同一主体会兼顾多种职能，所以从法律关系的角度对科学数据的主体及其权利义务进行考察，会对科学数据权属界定有一定的帮助[②]。

（二）科学数据权属界定的理论基础——添附制度

通过科学数据的生成过程，可以揭示科学数据权属界定及其利用的正当性。科学数据的生成及流动利用过程可以从民法中的添附（accessio）制度找到确权的依据[③]。添附是指民事主体把不同所有人的财产或劳动成果合并在一起，从而形成另一种新形态的财产。如果要将某一添附物恢复原状，不仅在事实上不可能，在经济上也不合理，所以需要有新的思路来确认该新财产的权属。添附的三种形态分别是"混合""附合""加工"。"混合"是指不同所有人的财产互相渗透融合，难以分开。"附合"是指不同所有人的财产紧密结合在一起而形成的新财产，虽未达到混合程度，但非经拆毁不能恢复原有状态。"加工"是将他人财产改造为具有更高价值的新财产。科学数据的生成过程与"加工"更为匹配。科学数据是现代科学高度发展的产物，现代科技发展依存度高，这也决定了科学数据的权属往往不是一个泾渭分明的专有权属状态。"你中有我，我中有你"会成为科学数据存在的常态，这也是科学数据权属确定中无法回避的现实。对"加工"物的权利确定和分割应该以共享为原则，否则科学数据的价值实现难以为继。

---

① 盛小平，吴红. 科学数据开放共享活动中不同利益相关者动力分析[J]. 图书情报工作，2019，63（17）：40-50.

② 唐素琴，曹婉迪. 对我国科学数据权属界定的若干思考[J]. 科技与法律（中英文），2023（2）：32-41.

③ 王利明. 添附制度若干问题探讨[J]. 法学评论，2006（1）：47-56.

（三）合同——科学数据主体权利让渡的最重要手段

合同是科学数据主体权利实现的重要方式。在科学数据权利基本确定的前提下，可通过合同方式在一定期限内将权利部分让渡给另一主体[①]。例如，南澳大学发布的《数据所有权和保留》[②]（2009 年）规定，在研究涉及多方时，要确保已提前签署合同，合同须规定研究数据和原始材料的存储地点、访问权、所有权、保留和处置；如果项目跨越多个机构，须在项目开始前签订书面合同，合同须涵盖研究数据和主要材料的所有权；《南洋理工大学研究数据政策》规定，在与外部方联合开展的项目中，南洋理工大学应明确约定共同持有项目产生的研究数据的所有权利[③]。

第三节　资助机构对科学数据享有的具体权利

在权利获取中，通常适用"谁投资，谁拥有"的规则。但 1980 年美国通过的《拜杜法案》打破了这一规则[④]，率先确立了政府资助的研究项目专利权有条件地归项目承担单位享有的规则。在科学数据的权属中，美国的研究具有一定的超前性，为我们提供了很好的借鉴经验。下文主要以美国为例，重点探讨政府资助产生的科学数据的归属，对其他资助主体同样具有借鉴性。

一、政府资助是科学数据产生的重要途径

研究机构和研究人员之间存在雇佣关系，这使得研究机构拥有检查数

① 唐素琴，曹婉迪. 对我国科学数据权属界定的若干思考[J]. 科技与法律（中英文），2023（2）：32-41.

② University of South Australia. Ownership and Retention of Data[EB/OL]. https://i.unisa.edu.au/policies-and-procedures/university-policies/research/res-17/[2009-11-27].

③ Nanyang Technological University. NTU Research Data Policy[EB/OL]. https://www.ntu.edu.sg/research/ntu-research-data-policy[2024-12-18].

④ 唐素琴，周轶男. 美国技术转移立法的考察和启示——以美国《拜杜法》和《史蒂文森法》为视角[M]. 北京：知识产权出版社，2018：119.

据、保留数据的权利。20 世纪 90 年代，美国强调大学或研究机构都应该维护并拒绝放弃对数据的所有权，强调研究机构对原始研究（original research）、实验室和临床产生的数据的拥有权，至少拥有这些数据的管理支配权①。关于技术数据的权属更详细的规定分别是《美国法典》（United States Code）第 10 编 2021 年 1 月 1 日生效的第 2320 条及 2021 年 12 月 27 日生效的第 2321 条。这两个条款详细规定了政府资金形成项目的技术数据权属、私人资金形成项目的技术数据权属和混合资金形成项目的技术数据权属，规定了美国政府对上述技术数据在使用及对外发布时拥有无限制的权利（unlimited right）。可见，美国已经形成了一个通过资金来源、国家利益、合同约定等多重视角对技术数据权属进行规定的框架体系②。

二、政府资助项目产生的研究数据权利内容

美国联邦法规明确了联邦政府对资助项目研究数据的权利，包括：①获取、复制、发布或以其他方式使用联邦政府资助产生的研究数据；②授权他人为联邦目的接收、复制、发布或以其他方式使用此类数据③。美国 NIH 在《NIH 拨款政策声明》④的"数据的权利（出版和版权）"部分规定："在任何情况下，NIH 都必须获得免版税、非排他性和不可撤销的许可，以便联邦政府复制、发布或以其他方式使用该材料，并授权他人出于联邦目的这样做。"对于被资助的研究者，依然可以获得相应的知识产权。NSF 在《提案和奖励政策及程序指南》（2020 年）中规定，NSF 通常允许受资助者保留其资助下开发的知识产权的主要法律权利，以激励开发和传播⑤。对于

---

① Fishbein E A. Ownership of research data[J]. Academic Medicine, 1991, 66(3): 129-133.

② 唐素琴，曹婉迪. 对我国科学数据权属界定的若干思考[J]. 科技与法律（中英文），2023（2）：32-41.

③ 2 CFR § 200. 315-Intangible property[EB/OL]. https://www.law.cornell.edu/cfr/text/2/200.315[2024-12-18].

④ NIH. Prior NIH Grants Policy Statements(Versions: Dec 2021)[EB/OL]. https://grants.nih.gov/grants/policy/nihgps/nihgps_2021.pdf[2024-12-18].

⑤ NSF. Proposal and Award Policies and Procedures Guide[EB/OL]. https://nsf.gov/pubs/policydocs/pappg20_1/nsf20_1.pdf[2020-06-01].

研究数据所有权归属问题，美国运输部（United States Department of Transportation，DOT）的政策已有规定。DOT 在《增加公众获得联邦资助科研成果的机会的计划》①（2015 年）中规定，为了便于确定归属，DOT 将倾向于使用 CC-BY②或等效的许可证。但对于内部研究数据集，DOT 认为不能要求数据的归属，因为这类数据是联邦政府的工作成果，DOT 将要求此类数据集标记公共领域专用信息以明确放弃归属要求，从而促进数据再利用。除了政府权利和受资助者权利外，还涉及政府机构与外部资助或者捐赠机构/个人的关系。NIH 在《NIH 拨款政策声明》③中规定："受赠人（recipients）一般拥有赠款支持项目产生的数据的权利"，"除非奖项的条款和条件另有规定，否则根据 NIH 授权开发的任何出版物、数据或其他受版权保护的作品可以在未经 NIH 批准的情况下受版权保护"；此外，"作为分享知识的一种手段，NIH 鼓励接受者在主要科学期刊上发表 NIH 支持的原创研究。接受者还应根据赠款产生的数据主张科学和技术文章的版权"。

第四节　大学对科学数据享有的权利

大学对科学数据享有的权利主要是所有权或知识产权。由于所有权和知识产权二者权利属性不同、产生的条件不同，科学数据中的所有权和知识产权是相互独立的关系，在本书的表述中也着意进行了区别。相比国内大学，国外较多大学在研究数据的权属探讨方面具有一定的见解，这些可以为

---

① United States Department of Transportation. Plan to Increase Public Access to the Results of Federally-Funded Scientific Research Results. Version 1. 1[EB/OL]. https://www.transportation.gov/sites/dot.gov/files/docs/Official%20DOT%20Public%20Access%20Plan%20ver%201.1.pdf[2015-12-16].

② CC-BY 是 Creative Commons Attribution 的缩写，中文名为《知识共享署名许可协议》，是一种公共版权许可协议，允许他人在遵守特定条件的前提下，自由地使用、分享、复制、传播、改编、混合、改写和再创作受版权保护的作品。

③ National Institutes of Health. Prior NIH Grants Policy Statements (Versions: Dec 2021)[EB/OL]. https://grants.nih.gov/grants/policy/nihgps/nihgps_2021.pdf[2024-12-18].

我们探讨科学数据权属提供借鉴。

一、大学对研究数据的所有权

考察国外大学的相关制度文件发现，大学一般会主张自己拥有研究数据的所有权，如哈佛大学、墨尔本大学、南洋理工大学。然而，这些大学并非主张绝对的所有权或独占权，例如哈佛大学规定与研究人员共享研究数据权利，南洋理工大学的研究人员与大学可以通过合同条款就大学研究数据的所有权另行约定。

关于研究数据的所有权，哈佛大学于 2019 年发布了《研究数据所有权政策》（Research Data Ownership Policy）[①]。该文件对哈佛大学和主要研究者（principal investigator，PI）在研究数据的所有权和主体角色划分上有较为详细的规定。首先，该文件强调研究数据开放共享原则。研究数据的使用原则与大学创造和传播知识的总体目标是一致的，强调研究数据必须公开共享和分发，研究数据的保密或者保留需要有合法且令人信服的理由，否则可能会对所有参与者产生持久的负面影响。其次，对于研究数据的保护和管理，认为大学是此类数据最适当的管理员。《研究数据所有权政策》明确指出，哈佛大学对在哈佛大学、由哈佛大学赞助或利用哈佛大学资源进行的项目的研究数据拥有所有权，并有权决定如何处理研究数据以及相应的责任。但是，该文件又规定，这些权利和责任是与生成和获取研究数据以及直接使用研究数据的教师和其他研究人员共享的，即尽管大学是此类研究数据的所有者，但良好的管理实践和常识要求大学和研究人员合作履行这些义务。该文件还规定，大学对研究数据所有权政策的任何内容均无意取代或违背大学知识产权政策声明，从而澄清了研究数据所有权和知识产权之间的关系。

墨尔本大学的《研究数据管理政策》[②]（2022 年）规定，研究人员必须

---

① Harvard University. Research Data Ownership Policy[EB/OL]. https://bpb-us-e1.wpmucdn.com/websites.harvard.edu/dist/f/106/files/2022/10/Data-Ownership-Policy-2019_2021.pdf[2019-02-19].

② The University of Melbourne. Research Data Management Policy[EB/OL]. https://policy.unimelb.edu.au/MPF1242[2022].

确保大学拥有研究数据所有权并负有记录研究数据的责任，还包括对转移到大学控制范围内的所有研究数据和记录负有所有权和记录责任，否则相关院长或代表将有权根据法律和监管义务决定研究数据的存储、保留、处置、出版或许可安排。

《南洋理工大学研究数据政策》①规定，南洋理工大学拥有在其或其主持下完成的研究项目产生的所有研究数据的权利，无论资金来源如何，除非其他协议另有约定或大学政策另有规定。

二、大学对研究数据的知识产权

知识产权是人们依法对自己的特定智力成果、商业标识和其他特定相关客体等享有的权利②。当研究数据满足知识产权保护的条件时，它们可以作为知识产权的保护对象。例如，英国牛津大学在其研究数据网站上关于"知识产权问题"③的部分指出，研究数据集可以形成版权和数据库权等知识产权，法律对此提供保护，并承认生成或汇编数据集所需的创造力和大量投资。

哪些主体享有研究数据的知识产权是一个有争议的问题。一般认为有如下三种情况：研究数据的知识产权归大学所有、归研究人员所有或者不做明确规定。在此，首先讨论研究数据的知识产权归大学所有的情形。

牛津大学在其研究数据网站上关于"知识产权问题"④的部分明确指出，牛津大学章程规定了大学研究过程中生成的数据所有权属于大学，而不属于生成它的研究人员或他们的研究小组。规定大学对数据享有所有权，意味着研究人员在离开大学时没有自动带走生成数据的权利。

---

① Nanyang Technological University. NTU Research Data Policy[EB/OL]. https://www.ntu.edu.sg/research/ntu-research-data-policy[2024-12-18].

② 王迁. 知识产权法教程[M]. 北京：中国人民大学出版社，2007.

③ Research Data Oxford. Managing Research Data: Intellectual Property Issues [EB/OL]. https://researchdata.ox.ac.uk/ethical-and-legal-issues#collapse1826891[2025-02-28].

④ Research Data Oxford. Managing Research Data: Intellectual Property Issues [EB/OL]. https://researchdata.ox.ac.uk/ethical-and-legal-issues#collapse1826891[2025-02-28].

南澳大学发布的《数据所有权和保留》（2009 年）规定①，大学是研究数据和主要材料的保管人，除非另有协议约定。研究人员创建或开发的研究数据、原始材料和研究记录以及与此类研究数据、原始材料和研究记录相关的知识产权归大学所有，除非研究人员与大学或大学与第三方另有书面协议。该文件还规定，由学生研究人员创建或开发的研究数据、主要材料和研究记录归大学所有。如果是大学学生项目即学生合作开展的项目，或受商业协议约束的项目，或者由具有南澳大学先前知识产权的项目产生的项目，学生将被要求在入学时通过学生项目参与协议将数据所有权转让给大学。如果项目涉及多个主体，则要求在项目开始之前制定一份书面协议，协议内容应该涵盖研究数据和主要材料的所有权。

第五节　研究人员对研究数据享有的权利

研究人员对研究数据享有的权利有多种类型，包括研究人员的所有权，研究数据创造者的首次发表权（first publication rights）、临时专有权（temporary exclusive use of the data），PI 对研究数据的保管权、使用权、发布权和许可权，PI 和一般研究人员的数据转移权和研究人员的知识产权等。可见，研究数据权利的表述类型繁多，其中存在权利交叉的情况。这也足以显示研究数据权利分类和权属划分的复杂性。研究人员对研究数据享有的不同种类的权利产生于不同的情形。以下将分别介绍各项权利的具体内容。

一、研究人员对研究数据的所有权

研究数据的所有权归谁享有一直存有争议。如前文所述，有的大学规定研究数据所有权归大学或者机构享有，有的大学规定归研究人员享有，还

---

① University of South Australia. Ownership and Retention of Data[EB/OL]. https://i.unisa.edu.au/policies-and-procedures/university-policies/research/res-17/[2009-11-27].

有的大学并不明确享有权利的主体。例如，《欧洲研究型大学联盟数据声明》①（2021 年）认为，大学产生的数据应归大学和/或研究人员所有，未经大学/研究人员本人同意，不得公开或共享。但是，该声明并未区分何时归大学所有，何时归研究人员所有。该声明还提及了对数据进行商业利用从而获得收益的权利，认为对数据的商业利用应该由大学或研究人员自己主导；同样，也并未区分收益权何时归大学享有，何时归研究人员享有。

《美国国家航空航天局计划增加对科学研究成果的获取》②（2014 年）中提到，项目经理（program managers）将在研究项目招标中对一系列事项提供具体指导，其中就包括"数据和资金来源的所有者适当的归属""主要研究者、数据储存库和 NASA 项目经理之间的互动，以确保包括适当的归属……"NIH 在《NIH 资助科学研究产生的科学出版物和数字科学数据可获取性提升计划》③（2015 年）中指出："目前还没有一个全 NIH 范围的系统为 NIH 资助的公开数据提供一致的识别和归属。虽然大多数 NIH 支持的数据存储库为提交的数据集提供了唯一标识符，但不同系统的归属和引用在实践中的情况各不相同。NIH 的目标是确保 NIH 资助的研究产生的数据可以被引用，并以一致的方式提供归属。"波茨坦大学《研究数据政策和处理研究数据的建议》④（2019 年）中有"许可和归属：对学术成果进行归属的义务是良好科学实践的一项原则。合同中不要求作者归属的数据和软件的许可和弃权不能取代这一义务"。虽然这些文件中并未明确数据归属于哪方主体，但均体现了对确定研究数据归属的重视。

研究人员不仅对数据享有所有权，还有在研究开始之时即确定数据的

---

① League of European Research Universities. LERU Data Statement[EB/OL]. https://www.leru.org/files/LERU-Data-Statement_12.2021.pdf[2021].

② NASA. NASA Plan for Increasing Access to the Results of Scientific Research [EB/OL]. https://www.nasa.gov/sites/default/files/atoms/files/206985_2015_nasa_plan-for-web.pdf[2014-12].

③ NIH. Plan for Increasing Access to Scientific Publications and Digital Scientific Data from NIH Funded Scientific Research[EB/OL]. https://grants.nih.gov/grants/NIH-Public-Access-Plan.pdf[2015-02-22].

④ University of Potsdam. Research Data Policy and Recommendations for the Handling of Research Data[EB/OL]. https://publishup.uni-potsdam.de/frontdoor/index/index/docId/ 44438 [2019-10].

所有权的责任。例如，墨尔本大学《研究数据管理政策》①在"所有权、责任和控制"的程序原则部分中规定，研究人员必须确保在研究项目开始时确定和记录研究数据的所有权，供参考的因素包括：①决定研究数据的储存、保留、处置、出版或许可的权力（authority）；②《知识产权政策》所概述的研究数据所有权；③与资助者、数据提供者、研究伙伴和合作者的协议；④研究人员更换机构或退出合作项目的安排；⑤涉及本土和托雷斯海峡岛民研究的本土知识和文化财产权。

除以上研究人员对研究数据享有的各项权利，研究人员还可能基于开放研究数据而获得适当的奖励（reward）。例如，《八国集团科学部长声明》②（2013 年）中规定，开放科学研究数据原则需要得到适当政策环境的支持，包括对研究人员的认可（recognition）。

二、研究数据创造者对研究数据的首次发表权和临时专有权

赋予研究数据所有权存有较大争议，但首次发表权、临时专有权的提出缓和了所有权的绝对性。NASA 法律顾问办公室的相关文件中提到，实践中通常约定实验原始数据将保留给 PI 用于进一步科研，其在一定时期内拥有首次发表权，尽管当事人可以就此进行约定，但 NASA 仍然鼓励尽早传播数据③。英格兰高等教育拨款委员会（Higher Education Funding Council for England，HEFCE）、英国研究理事会（Research Councils UK，RCUK）、英国大学组织（Universities UK）等在《开放研究数据协定》（2016 年）第四项原则中明确承认了研究数据创造者对数据的合理首次使

---

① The University of Melbourne. Research Data Management Policy[EB/OL]. https://policy.unimelb.edu. au/MPF1242[2022-12-15].

② G8 Science Ministers Statement[EB/OL]. https://assets.publishing.service.gov.uk/government/uploads/system/uploads/attachment_data/file/206801/G8_Science_Meeting_Statement_12_June_2013.pdf[2013-06-12].

③ NASA. Collaborations for Commercial Space Capabilities (Article 9. Intellectual Property Rights-Data Rightsa) [EB/OL]. https://www.nasa.gov/wp-content/uploads/2015/06/saa-qa-14-18884-ula-baseline-12-18-14-redacted_3.pdf?emrc=fbbf8a [2024-12-18].

用权利，但这一权利被限定在适当的、明确的期限之内①。《OECD 获取公共资助的研究数据的原则和准则》（2007 年）在"专业水平"部分也提到，"在当前的研究实践中，最初产生数据的研究人员或机构有时会获得数据的临时专用权"②。

数据的首次发表权或许来源于著作权法中作品的发表权，即作者享有决定是否将其作品公之于众，于何时、何处，以何种形式公之于众的权利③。数据的临时专有权改变了数据所有权中数据权利主体所有权的永久性，仅保护数据权利主体一定时期内的数据利益。这种短期内排他性权利的合理性显而易见，正如 HEFCE、RCUK、英国大学组织等在《开放研究数据协定》④中提到的，"向开放数据的过渡不能降低研究人员收集和生成原始研究数据的意愿"，"如果要求所有学科的研究人员立即提供新生成的数据或数据分析，许多人可能会认为对原始数据的收集、测量或分析没有什么好处，不如让别人做这些工作，然后自己坐享其成。这显然是不可取的"。

但是，这类权利并不适用于所有的研究数据，有些学科的研究数据由于其学科对共享的独特要求而不能或者不宜对排他性权利做出约定。例如，NASA 法律顾问办公室的相关文件中规定，地球研究数据应在获取后尽快提供，不得有任何独占访问期⑤；HEFCE、RCUK、英国大学组织等在《开放研究数据协定》⑥中也承认，生成原始研究数据的研究人员一定时期内的专

---

① Higher Education Funding Council for England, Research Councils UK, Universities UK, et al. Concordat on Open Research Data[EB/OL]. https://www.ukri.org/wp-content/uploads/2020/10/UKRI-020920-ConcordatonOpenResearchData.pdf[2016-07-28].

② OECD. OECD Principles and Guidelines for Access to Research Data from Public Funding[EB/OL]. https://www.oecd-ilibrary.org/science-and-technology/oecd-principles-and-guidelines-for-access-to-research-data-from-public-funding_9789264034020-en-fr[2007-04-12].

③ 王迁. 知识产权法教程[M]. 6 版. 北京：中国人民大学出版社，2019：106.

④ Higher Education Funding Council for England, Research Councils UK, Universities UK, et al. Concordat on Open Research Data[EB/OL]. https://www.ukri.org/wp-content/uploads/2020/10/UKRI-020920-ConcordatonOpenResearchData.pdf[2016-07-28].

⑤ NASA. Collaborations for Commercial Space Capabilities(Article 9. Intellectual Property Rights-Data Rightsa)[EB/OL]. https://www.nasa.gov/wp-content/uploads/2015/06/saa-qa-14-18884-ula-baseline-12-18-14-redacted_3.pdf?emrc=fbbf8a[2024-12-18].

⑥ Higher Education Funding Council for England, Research Councils UK, Universities UK, et al. Concordat on Open Research Data[EB/OL]. https://www.ukri.org/wp-content/uploads/2020/10/UKRI-020920-ConcordatonOpenResearchData.pdf[2016-07-28].

有首次使用权可能因主题和学科领域而有差异，如天文学和基因组学研究数据就更宜进行即时共享。此外，当落入公共利益的范畴时，首次发表权、临时专有权也可能需要让步。《开放研究数据协定》还提到："即使在不要求即时共享的学科中，也可能存在为了公共利益而立即公开研究数据的情况，例如当研究数据在处理公共卫生突发事件中可能具有重要意义和价值时。任何独占使用期都应在项目规划的最早阶段考虑，并在数据管理计划中进行规定，还应与当时公众的利益相平衡。"

首次发表权、临时专有权的期限有待确定。NASA 法律顾问办公室的相关文件的"1.2.10.3. 结果数据中的权利"中提到，实践中对此通常约定的排他性权利存续期间不应超过一年，之后数据将存储在指定的数据库供进一步科研使用[①]。HEFCE、RCUK、英国大学组织等在《开放研究数据协定》中认为，这个期限应该通过由学术团体主导协商来确立为纪律规范。

三、PI 对研究数据的保管权、使用权、发布权和许可权

在大学的科学研究中，PI 扮演着重要的角色，很多大学赋予了 PI 重要的数据权利，如保管权、使用权、发布权和许可权。

哈佛大学在《研究数据所有权政策》[②]中明确，PI 和其他研究者是研究数据的管理者和保管者。如果哈佛大学的 PI 选择在其研究小组内委派其他人负责，其仍需就研究数据管理（research data management，RDM）对大学负责。在确保安全的前提下，PI 有权力将研究数据提供给哈佛大学其他成员或其他机构的研究合作者，但需受数据使用协议（data use agreement，DUA）或其他管理性协议的约束。

---

① NASA. Collaborations for Commercial Space Capabilities (Article 9. Intellectual Property Rights-Data Rightsa) [EB/OL]. https://www.nasa.gov/wp-content/uploads/2015/06/saa-qa-14-18884-ula-baseline-12-18-14-redacted_3.pdf?emrc=fbbf8a [2024-12-18].

② Harvard University. Research Data Ownership Policy[EB/OL]. https://cpb-us-e1.wpmucdn.com/websites.harvard.edu/dist/6/18/files/2020/07/Data-Ownership-Policy-2019_2021.pdf[2019-02-19].

牛津大学《支持研究成果的数据管理政策》[①]（2023 年）规定，"PI 负责日常管理其研究中产生或获得的研究数据，包括遵守与大学签订的相关合同以及关于研究数据的所有权、保存和传播的相关规定"。

《南洋理工大学研究数据政策》[②]规定，大学自动向 PI 及其指定的研究人员授予权利，使其仅出于非商业目的使用和发布其项目产生的所有研究数据。

四、PI 和一般研究人员的数据转移权的规定

研究数据一般分为原始数据和衍生数据。在大学的科学研究中，当研究人员离开大学时，研究数据能否跟随研究人员转移是实践中面临的问题。有的大学对研究数据转移的条件和程序进行了详细的规定，共性的前提条件是须获得 PI 或更高领导人的批准，其他条件则因学校而异。下文以哈佛大学和南洋理工大学为例进行介绍。

哈佛大学的《研究数据所有权政策》对 PI 离开哈佛大学时研究数据转移的条件进行了详细的规定。如果 PI 离开哈佛大学，原始数据的所有权可以根据 PI 的要求转移到 PI 所在的新机构，但是必须符合如下三个条件：第一，须事先经过哈佛大学主管研究的副教务长的书面批准；第二，哈佛大学和 PI 所在的新机构之间签订书面协议，协议内容包括新机构要承诺对数据的持续保管责任，并且哈佛大学在任何情况下始终有权访问原始数据；第三，适用相关的保密限制。《研究数据所有权政策》也对曾实质性参与哈佛大学研究项目的个人离开大学时研究数据的所有权情况进行了规定。在这种情况下，研究数据所有权仍然属于哈佛大学，因此原始数据必须由 PI 保留在哈佛大学。虽然他们可以带走研究项目产生的研究数据的副本，但条件是须遵守相关的保密限制和原始研究项目的要求，并需获得系主任或院长的批准。在上述两种情况下，《研究数据所有权政策》明确规定，研究团队的其

① University of Oxford. Policy on the Management of Data Supporting Research Outputs[EB/OL]. https://researchdata.ox.ac.uk/university-of-oxford-policy-on-the-management-of-data- supporting-research-outputs/[2023-11].

② Nanyang Technological University. NTU Research Data Policy[EB/OL]. https://www.ntu.edu.sg/research/ntu-research-data-policy[2024-12-18].

他成员仍保留使用原始数据的权利。

《南洋理工大学研究数据政策》对此问题的规定是，如果 PI 离开南洋理工大学，对正在进行的研究项目的研究数据的所有权可以在研究主任的批准下转移。离开大学的教职员工和研究人员可以保留研究数据的副本，但有两个前提：首先，保留研究数据获得了 PI 的同意。如果要离开的人是 PI，则由自治研究所（Autonomous Institute，AI）的负责人，学院院长，研究项目来源的相应自治研究所、学院、中心或学院的中心领导人或学院的系主任同意。其次，研究数据不受法律规定的法律义务的保护或有合同对此另有约定。此外，还有两项要求：第一，必须承诺仅出于非商业目的使用或发布在南洋理工大学或其主持下进行的研究项目的研究数据或研究结果，并承认南洋理工大学为数据所有者；第二，如果希望出于商业目的使用或发布在南洋理工大学或其主持下进行的任何研究数据或研究成果，必须承诺事先获得了自治研究所负责人、学院院长、中心主任或各自自治研究所的学院主席、研究项目所属的学院、中心或学校的书面许可，因为这些主体可能要求与南洋理工大学签署商业化协议。

五、研究人员对研究数据的知识产权

科研人员对原始数据是否享有版权是一个颇具争议的问题。数据权利是数据管理的核心问题。研究数据可以采用著作权、数据库权、商业秘密、商标和合同等多种保护方式[①]。研究数据与著作权关系密切，对含有研究数据的作品或具有独创性的研究数据集进行著作权保护一般不存在异议。但是，原始数据是否具有可版权性则存在争议[②]。有学者认为，原始数据符合1976 年《美国版权法》对可版权性的基本要求，即"以任何有形表达媒介固定的原创作品"，科研人员在设计实验和收集实验产生的研究数据方面拥有创造力和劳动，所以应该享有版权。但是，围绕《美国版权法》中"固

---

① Kemp R, Hinton P, Garland P. Legal rights in data[J]. Computer Law & Security Review, 2011, 27(2): 139-151.

② 唐素琴，曹婉迪. 对我国科学数据权属界定的若干思考[J]. 科技与法律（中英文），2023（2）：32-41.

定""主题""事实认定"等问题展开研究数据是否有版权的讨论更多。有学者认为，原始数据不应该属于《美国版权法》保护的主题，原因包括，"任何一种表达都能受到版权保护会导致对想法或事实的实际垄断"，"研究数据既不符合'选择和安排'，也不符合额头出汗原则"，"科学家只是记录数据，并不综合数据"。美国小威廉·约瑟夫·布伦南（William Joseph Brennan，Jr.）大法官进一步指出，"允许研究数据拥有版权就等于允许'信息作为信息'拥有版权，这将扼杀创造性研究，并因为重复研究带来浪费"[①]。研究领域财产权的扩张一直遭到科学界的强烈抗议。

对研究人员享有研究数据知识产权进行明确规定的资料很少。英国剑桥大学在其关于研究数据的问答网站上明确指出，大学的研究人员和学生保留知识产权，大学工作人员在受雇于大学期间以及学生在大学学习期间可申请这些权利。该网站明确指出研究数据集属于知识产权的子部分，除非与出资者（或合作者）签订的合同另有约定，否则研究数据集的创建者将是知识产权的主要所有者[②]。

对研究数据知识产权的规定，更多的做法是仅提及知识产权的享有但并不明确享有权利的主体。例如，NASA 在《美国国家航空航天局计划增加对科学研究成果的获取》中已经对研究项目招标中对研究数据的评估和保护提供具体指导[③]。又如，美国国家科学基金会工程管理局（Directorate for Engineering，ENG）在《ENG 数据管理和共享计划指南》[④]（2018 年）中要求，有效的数据管理计划应该包括在项目负责人申请项目时需要思考的五个基本事项内，其中一项就包括"衍生产品的再使用、再分销和生产"，需要兼顾的部分除了保护隐私、保密性和安全性外，还提到了对知识产权的保护。此外，工程管理局还要求在数据管理计划中阐述访问、使用和与他人分

① Jones R H. Is there a property interest in scientific research data?[J]. High Technology Law Journal, 1986, 1(2): 447-482.

② University of Cambridge. Research Data[EB/OL]. https://www.data.cam.ac.uk/faq. [2024-12-18].

③ NASA. NASA Plan for Increasing Access to the Results of Scientific Research [EB/OL]. https://www.nasa.gov/sites/default/files/atoms/files/206985_2015_nasa_plan-for-web.pdf[2014-12].

④ Directorate for Engineering. ENG Data Management and Sharing Plan Guidance [EB/OL]. https://nsf.gov/eng/general/ENG_DMP_Policy.pdf[2018-11].

享数据的人。墨尔本大学的《知识产权政策》①（2020 年）中规定，知识产权是人类智力的无形创造，在列举知识产权种类时，除了提及版权、专利、机密信息和商标外，还提到知识产权还包括所有研究数据和数据集。但是该文件未具体明确研究数据知识产权享有的主体。

六、研究人员对科学数据的标识权

科学数据标识作为科学数据管理的一环扮演着重要的角色。有学者认为，唯一标识符管理贯穿科学数据的出版、流通、长期保存过程，作为某种"凭证"，因其数字对象唯一标识符（digital object identifier，DOI）可以携带数据产权相关的信息，从而具有确认科学数据产权信息的作用②。还有学者认为，科研数据唯一标识符在数据版权的确认和归属、跟踪作者的生产力与影响力方面发挥着重要作用③。

科学数据标识对确定科学数据的归属者/贡献者/作者的积极作用在国外受到了充分关注。美国能源部（Department of Energy，DOE）《公共获取计划》（2014 年）表明，DOE 鼓励引用和识别具有持久性标识符（如DOI）的数据集，以提高数据集的可发现性和归属性④。DOT 在《增加公众获得联邦资助科研成果的机会的计划》中"要求所有研究人员在向 DOT 和/或出版商提交研究成果时获得并报告其唯一的开放研究者与贡献者身份识别码（open researcher and contributor ID，ORCID）"⑤。OECD 在《理事会关

① University of Melbourne. Intellectual Property Policy[EB/OL]. https://policy.unimelb.edu.au/MPF1320[2020].

② 涂勇，彭洁. 数字对象唯一标识在中国科学数据领域中的应用研究[J]. 数字图书馆论坛，2013（8）：31-36.

③ 陈辰，周莉. 科研数据唯一标识符构建研究现状及其问题分析[J]. 情报杂志，2019，38（6）：131-136.

④ Department of Energy. Public Access Plan[EB/OL]. https://www.energy.gov/sites/prod/files/2014/08/f18/DOE_Public_Access%20Plan_FINAL.pdf[2014-07-24].

⑤ United States Department of Transportation. Plan to Increase Public Access to the Results of Federally-Funded Scientific Research Results. Version 1.1[EB/OL]. https://www.transportation.gov/sites/dot.gov/files/docs/Official%20DOT%20Public%20Access%20Plan%20over%201.1.pdf[2015-12-16].

于公共资金资助的研究数据获取的建议》中提及"促进并酌情要求使用研究人员个人的 DOI 和与研究相关的数字对象，以促进和改善引用，并为作者和贡献者提供适当的荣誉"①。

第六节 科学数据确权时需要考虑的
其他主体权益

科学数据中记录的信息有可能涉及其他主体的合法权益，这些权益享有的主体不仅包括私主体（个人、企业），也可能包括国家。当科学数据同时构成个人信息或者个人隐私、商业秘密等时，就会落入私主体合法权益的保护范畴；当科学数据涉及国家安全时，就与国家安全、国家主权息息相关。这些其他相关主体对科学数据的权益在国外许多机构或大学的规定中也都得到了体现。

美国国家科学基金会工程管理局在《ENG 数据管理和共享计划指南》中列出了有效的数据管理计划应该清楚说明的五个基本组成部分，其中"衍生产品的再使用、再分销和生产"部分就讲到"应传达适当保护隐私、保密性、安全性、知识产权和其他权利的实践"②。

牛津大学《支持研究成果的数据管理政策》③（2023 年）也要求研究人员根据与其开展的研究相关的法律和道德要求保护机密、个人和敏感的个人研究数据。该政策的"政策的目的"部分，在要求研究人员管理和保存其研

---

① OECD. Recommendation of the Council concerning Access to Research Data from Public Funding[EB/OL]. https://legalinstruments.oecd.org/en/instruments/OECD-LEGAL-0347[2021].

② Directorate for Engineering. ENG Data Management and Sharing Plan Guidance[EB/OL]. https://nsf.gov/eng/general/ENG_DMP_Policy.pdf[2018-11].

③ University of Oxford. Policy on the Management of Data Supporting Research Outputs[EB/OL]. https://researchdata.ox.ac.uk/university-of-oxford-policy-on-the-management-of-data-supporting-research-outputs/[2023-11].

究数据，并尽可能减少限制研究数据分享的同时，也表示尊重隐私、安全和商业利益。

爱丁堡大学《研究数据管理政策》[①]（2021 年）的"研究数据的权利"部分规定，当开放访问数据集不合法或不道德时，须对访问和使用进行限制。该政策还提及，当共享的研究数据虽然非个人数据，但对相关方是机密或有价值时，可以采用书面协议的方式另行约定。

《八国集团科学部长声明》[②]规定，公共资助的科学研究数据应尽可能公开，并尽可能减少限制，但同时也规定要尊重隐私、安全和商业利益。

《OECD 获取公共资助的研究数据的原则和准则》[③]在"合法性"和"知识产权保护"部分规定"数据访问安排应尊重公共研究企业中所有利益攸关方的合法权利和合法利益"，从国家安全、隐私和保密、商业秘密和知识产权、保护稀有受威胁或濒危物种、法律程序方面列出了对某些研究数据访问和使用的限制。

总体而言，当前对科学数据权属的研究尚处于起步阶段。通过考察国外相关规范，可得出以下几点启示[④]：①科学数据不宜采用传统的所有权方式界定权属；②可尝试构建以科学数据监管权代替所有权的制度框架；③对公共资金资助的科学数据权属应有相对明确的界定；④可从主体和合同两个视角界定科学数据权属。以上研究旨在为我国科学数据的权属制度设计提供些许借鉴。

---

① University of Edinburgh. Research Data Management Policy[EB/OL]. https://era.ed. ac. uk/bitstream/handle/1842/38236/UoE-RDM-Policy-in-template-10-11-2021.pdf?sequence= 2&isAllowed=y[2021-10-11] .

② G8 Science Ministers Statement [EB/OL]. https://assets.publishing.service.gov.uk/ government/uploads/system/uploads/attachment_data/file/206801/G8_Science_Meeting_State ment_12_June_2013.pdf[2013-06-12].

③ OECD. OECD Principles and Guidelines for Access to Research Data from Public Funding[EB/OL]. https://www.oecd-ilibrary.org/science-and-technology/oecd-principles-and-guidelines-for-access-to-research-data-from-public-funding_9789264034020-en-fr[2007-04-12].

④ 唐素琴, 曹婉迪. 对我国科学数据权属界定的若干思考[J]. 科技与法律（中英文）, 2023（2）：32-41.

第三章
科学数据的质量管理

　　从科学数据的"诞生"到"重生"，科学数据质量是衡量和支持科技创新的关键角色，与效率、生产力、战略决策环环相扣[①]。面对科学数据规模快速扩大、共享需求日益迫切的发展趋势，各国政府纷纷加强科学数据质量管理，围绕数据标准、管理工具以及监控体系等方面开展实践探索。2012年9月，由NSF资助的调研工作组举办了主题为"数据质量监护：确保数据质量促进科学新发展"的研讨会，提出了科学数据质量可能存在的问题及其解决方案，包括科学数据质量标准与语境、人和制度因素、有效和无害的科学数据监护工具、科学数据质量指标等议题[②]。2018年4月，我国《科学数据管理办法》颁布，其中明确提出："法人单位及科学数据生产者要按照相关标准规范组织开展科学数据采集生产和加工整理，形成便于使用的数据

---

　　① 江洪，王春晓. 基于科学数据生命周期管理阶段的科学数据质量评价体系构建研究[J]. 图书情报工作，2020，64（10）：19-27.

　　② Marchionini G, Lee C A, Bowden H, et al. Curating for Quality: Ensuring Data Quality to Enable New Science[M]. National Science Foundation, 2012.

库或数据集。法人单位应建立科学数据质量控制体系，保证数据的准确性和可用性。"[①]越来越多的科研机构和高校等科研活动主体也立足于各自实践，探索并形成了标杆性的工作示范，科学数据的质量管理正逐步形成科学化、标准化的控制体系。

第一节　科学数据质量管理的内涵与构成

一、科学数据质量的定义

科学数据本身既是科研活动的阶段成果，又是科研活动可持续发展的重要源头，对于科学研究的推进有着重要作用。但是，在开展科学数据管理工作的过程中，暴露出了科学数据资源不完整、格式不统一、无法互操作等问题[②]。这些问题不仅影响了科学数据共享等管理工作的进程，也阻碍了科学数据价值的开发与再造。因此，各个国家的科研主体对于科学数据质量的关注和讨论日益增多。

"科学数据质量"作为一个覆盖面较为广泛的概念，多数学者将其定义为多维概念，即一组质量特征的集合[③]。从应用或用户的角度来看，科学数据质量可以被认为是数据对特定需求的满足程度或是目标实现的价值大小[④][⑤]。约瑟夫·朱兰（Joseph M. Juran）将科学数据质量定义为数据在给定环境中

---

① 国务院办公厅. 国务院办公厅关于印发科学数据管理办法的通知[EB/OL]. https://www.most. gov. cn/ztzl/zdzx/zcwj/201804/t20180403_5725.html[2018-04-03].

② 胡良霖. 科学数据资源的质量控制和评估[J]. 科研信息化技术与应用，2009（1）：50-55.

③ Wuest T, Tinscher R, Porzel R, et al. Experimental research data quality in materials science[J]. International Journal of Advanced Information Technology, 2014, 4(6): 1-18.

④ Lee Y W, Strong D M. Knowing-why about data processes and data quality[J]. Journal of Management Information Systems, 2003, 20(3): 13-39.

⑤ 苏小会，葛宇洲. 数据质量提高方案探究[J]. 电子测试，2014（8）：23-26.

的适用性，如用户操作、决策和/或规划①。考虑到科学数据质量本身涵盖的阶段和指标较为丰富②，因此通常根据阶段需求，将其分为若干个维度，并逐个加以识别。

目前，多数学者将科学数据质量的基本要素确定为准确性、及时性、完整性、一致性③。考虑到科学数据质量涉及的数据活动背景及场景的差异，还会增加如可解释性、衔接性等相关要素。例如，加拿大统计局确定了衡量科学数据质量的 6 个方面标准，即适用性、准确性、及时性、可取得性、衔接性、可解释性；NIH、NSF 等科研机构认为，科学数据质量维度应与 FAIR 原则对应④。考虑到不同维度的重要性与数据源和数据用途有着必然联系，因此不同主体对维度权重的判断会有所差异。

二、科学数据质量管理的内涵

科学数据的质量状态与其收集、存储等环节管理的科学性、规范性紧密相关⑤，因此科学数据质量管理的重要性不容小觑。在各个阶段中，科学数据资源类型多样、学科众多等特点决定了科学数据质量管理的复杂性和交叉性⑥。

基于科学数据动态且持续更新的特点，以数据为核心对象的数据质量管理必然是一个长期性的管理活动。数据质量管理的现代理论体系最早可追溯到 20 世纪 80 年代 MIT 发起的全面数据质量管理（Total Data Quality

---

① Juran J M, Godfrey A B. Juran's Quality Handbook[M]. 5th ed. New York: McGraw-Hill, 1999.

② 刘兹恒，涂志芳. 数据出版及其质量控制研究综述[J]. 图书馆论坛，2020，40（10）：99-107.

③ Kulikowski J L. Data quality assessment: problems and methods[J]. International Journal of Organizational and Collective Intelligence, 2014, 4(1): 24-36.

④ 周建. 全球化背景下加强我国政府对统计数据质量管理的对策研究——基于公共管理视角的政策取向[J]. 中国软科学，2005（6）：37-42.

⑤ 夏义堃，管茜. 基于生命周期的生命科学数据质量控制体系研究[J]. 图书与情报，2021（3）：23-34.

⑥ 胡良霖. 科学数据资源的质量控制和评估[J]. 科研信息化技术与应用，2009（1）：50-55.

Management，TDQM）计划。该计划借鉴了全面质量管理（Total Quality Management，TQM）在工业生产中的成功经验，首次将系统化的质量管理理念引入数据领域。TDQM 计划不仅致力于建立数据质量管理的新范式，更重要的是为数据质量管理奠定了严谨的理论基础，开创了将数据视为产品进行全生命周期管理的研究思路①。科学数据管理与科学数据质量管理的概念界定差别较大，前者包含的内涵更加全面，涉及从内部的数据流程到外部的数据交互，而后者则更聚焦于数据本身，侧重于质量导向。张静蓓等将科学数据质量管理定义为用于确定被测试的数据是否可以有效地被其他研究人员验证和重用的一套标准流程②。克里斯汀·韦伯（Kristin Weber）等将科学数据质量管理定义为"以质量为导向的数据资产管理，即计划、规定、组织、使用和处理支持决策和运营业务流程的数据，从而持续性地提高科学数据质量"③。

三、科学数据质量管理的构成

针对科学数据学科多样性的特点，科学数据质量管理主要依据数据生命周期，始终坚持各阶段上的规范和一致性操作，进而管理科学数据质量④。OECD 颁布的《理事会关于公共资金资助的研究数据获取的建议》中强调，良好的科学数据质量管理可以通过控制数据收集、传播和可访问归档过程中采用的方法、技术和工具的良好实践等来实现⑤。在第二届欧洲开放科学云（European Open Science Cloud，EOSC）峰会上，《将 FAIR 变为现实》

① Wang R Y. A product perspective on total data quality management[J]. Communications of the ACM, 1998, 41(2): 58-65.

② 张静蓓，任树怀. 国外科研数据知识库数据质量控制研究[J]. 图书馆杂志，2016，35（11）：38-44.

③ Weber K, Otto B, Österle H. One size does not fit all: a contingency approach to data governance[J]. Journal of Data and Information Quality, 2009, 1(1): 1-27.

④ 胡良霖. 科学数据资源的质量控制和评估[J]. 科研信息化技术与应用，2009（1）：50-55.

⑤ OECD. Recommendation of the Council concerning Access to Research Data from Public Funding[EB/OL]. https://legalinstruments. oecd.org/en/instruments/OECD-LEGAL-0347[2017-12-13].

（Turning FAIR into Reality）报告指出，科学数据质量管理的关键要素应包括数据、标识符、标准和规范、元数据[①]，见图 3.1。

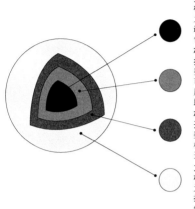

数据
核心部分
为了让数据有意义，它需要用标准格式表示，并伴有持久标识符（persistent identifier，PID）元数据和代码解释等，这些内容对支持数据重用等具有重要作用

标识符
持久性和唯一性
数据需分配一个代表持久性和唯一性的标识符，如DOI或URN，这样数据可以稳定地链接到相关信息，支持跟踪引用和重用的内容，标识符也需应用于其他相关概念的追踪，如数据作者（ORCID）、项目（RAID）、资助者和相关研究资源（RRID）

标准和规范
开放、记录格式
数据应该以通用的、理想的开放文件格式展示。他人能够基于开放共享的标准规范，可以使用软件读取文件，处理和分析数据，对数据加以重用。开放共享的标准和规范能够帮助研究人员更容易地保存数据

元数据
相关文档
为了使数据可评估和可重用，应该附带足够的元数据和文档。基本的元数据需支持数据发现，并帮助研究人员理解数据是为何、如何以及何时由谁创建的，丰富数据的信息和来源。为了实现最广泛的重用，数据应该带有"多个相关属性"和一个清晰、可访问的数据使用许可

图 3.1　科学数据质量管理要素

注：URN 即统一资源名称（uniform resource name），RAID 即独立磁盘冗余阵列（redundant array of independent disks），RRID 即研究资源标识符（research resource identifier）

第二节　科学数据的生命周期模型

一、数据生命周期

　　"生命周期"这一概念起初源于生物学，是指生命体经历出生、成长、成熟、消亡等一系列过程，后被计算机、管理学、政治学、经济学等不同学科采用[②]。数据生命周期是指从数据的产生，到数据的加工和发布，再到数据的再利用的一个循环往复的过程[③]，即数据自身在生命周期各阶段的状

　　① European Commission Expert Group on FAIR Data. Turning FAIR into Reality [EB/OL]. https://op.europa.eu/en/publication-detail/-/publication/7769a148-f1f6-11e8-9982-01aa75ed71a1/language-en[2018-11-13].
　　② 望俊成. 网络信息生命周期规律研究[M]. 北京：科学技术文献出版社，2014.
　　③ 钱锦琳，刘桂锋. 国外科研数据管理研究综述[J]. 情报理论与实践，2017，40（10）：130-134.

态、特征与规律[1]。霍顿（F. W. Horton）在《信息资源管理：概念和案例》一书中指出，数据是信息的重要来源，是具有生命周期的资源，其生命周期是一系列逻辑上相关联的阶段或步骤，因此霍顿与马隆（D. A. Malone）提出了"数据生命周期管理"的概念，即经典的数据生命周期六阶段模型——"创建、采集、组织、开发、利用和清理"[2]。随后，伯格曼（C. L. Borgman）和琼斯（S. D. Jones）提出了数据生命周期的修正模型，包括"创建、采集、评价、保存和评论"五个阶段。2012 年，地球观测卫星委员会（Committee on Earth Observation Satellite，CEOS）信息系统和服务工作组以及美国地质调查局（United States Geological Survey，USGS）的调查显示，当前数据生命周期模型共有 40 余个[3]。本章列举一些认可度比较高的数据生命周期模型，具体见表 3.1。

表 3.1 数据生命周期模型

模型名称	基本流程
DCC 数据管理生命周期模型[4]	概念化、创建、获取与利用、评价与选择、处理、摄入、保存行动、再评价、存储、获取与再利用、转换
DataONE 数据生命周期模型[5]	计划、收集、保证、处理、保存、发现、集成、分析
UKDA 数据生命周期模型[6]	数据创建、数据处理、数据分析、数据保存、数据获取、数据再利用
ICPSR 数据生命周期模型[7]	数据管理计划、项目启动、数据收集与文件创建、数据分析、数据共享准备、数据存档

① 孟祥保，钱鹏. 数据生命周期视角下人文社会科学数据特征研究[J]. 图书情报知识，2017（1）：76-88.

② 孟广均，霍国庆，罗曼，等. 信息资源管理导论[M]. 2 版. 北京：科学出版社，2003.

③ CEOS. Data Life Cycle Models and Concepts[EB/OL]. https://ceos.org/document_management/Working_Groups/WGISS/Interest_Groups/Data_Stewardship/White_Papers/WGISS_Data-Lifecycle-Models-And-Concepts.pdf[2012-04-19].

④ Digital Curation Centre. Curation Lifecycle Model[EB/OL]. https://www.dcc.ac.uk/guidance/curation-lifecycle-model[2024-09-15].

⑤ SARRETTA A. Research data life cycle[EB/OL]. http://doi.org/10.5281/zenodo.1149049[2018-11-11].

⑥ UK Data Archive. Research Data Management[EB/OL]. http://www.data-archive.ac.uk/create-manage/life-cycle[2024-09-15].

⑦ ICPSR. Guide to Social Science Data Preparation and Archiving[EB/OL]. https://www.icpsr.umich.edu/web/pages/deposit/guide/[2024-09-15].

续表

模型名称	基本流程
DDI 3.0 混合生命周期模型[①]	课题、收集、处理、存储、发布、发现、再利用
数据生命周期[②]	数据管理计划、数据收集、数据分析、数据出版、数据保存、数据共享、数据再利用

　　需要注意的是，数据生命周期的阶段顺序并不是一成不变的，虽然数据生命周期按顺序走完各个阶段是很常见的，但在数据生命周期的任何阶段都有可能向前或后移动，数据生命周期也可以同时发生在几个阶段，或者可以跳过某个阶段[③]。此外，如果发现了新的数据，数据生命周期工作可以返回到早期阶段，重新开始循环。一些学者增加了新的阶段，如"数据清除"，但是这种添加可能并不准确，因为数据被删除不存在的情况并不常见，它更有可能被存储或归档[④]。此外，不同的人可能会把不同的数据生命周期部分称为不同的名称，如"数据准备"可能被称为"数据采集"。

　　乌维·坎特纳（Uwe Cantner）等认为，数据从本质上来说是脆弱的，如果要让需要访问、使用和重用的数据保持可检索、可识别和可用性，就需要从一开始就对其进行管理，管理数据所需的一系列活动，统称为数据管理[⑤]。数据管理活动不仅仅是为了维护数据安全，更重要的是让数据可以在其整个生命周期中被发现和使用。这样，数据生命周期管理就确保了文档化策略和过程的开发，定义了各角色的职责，并在交付用户访问的同时，建立了技术框架以创建、存储和管理科学数据。学术研究活动有两个主要产出，这两个产出都需要管理：一是从发表的论文中收集的数据，用于检验所

　　① University of Washington Libraries. Data Management Guide[EB/OL]. http://guides. lib.uw.edu/friendly.php?s=research/dmg[2024-09-15].

　　② 曹秀丽，赖朝新. E-Science 环境下科研—数据双生命周期模型初步研究[J]. 情报理论与实践，2022，45（6）：157-163.

　　③ Deaton A. What do self-reports of wellbeing say about life-cycle theory and policy?[J]. Journal of Public Economics, 2018, 162: 18-25.

　　④ Cikan N N, Aksoy M. Data erasure analysis of FPLD based on remodulation bidirectional PON system[J]. Journal of Modern Optics, 2020, 67(2): 139-145.

　　⑤ Cantner U, Cunningham J A, Lehmann E E, et al. Entrepreneurial ecosystems: a dynamic lifecycle model[J]. Small Business Economics, 2021, 57(1): 407-423.

陈述的假设；二是研究过程中收集或创建的数据，这是论文发表的基础并用于验证结果[1]。因此，数据生命周期管理最好由一系列文档化的政策、策略和程序来促进，如果没有它们，数据生命周期管理可能是不可行的。组织层面或研究资助方层面的政策支撑所需的活动，确保它们嵌入研究组织或大学的工作流程中，始终围绕科学数据的一系列活动或环节展开，因此数据生命周期理论为科学数据管理奠定了重要的理论基础。

二、科学数据生命周期

从传统的数据生命周期向科学数据生命周期模型过渡是一个复杂而重要的过程，不是简单地扩展或修改现有模型，而是需要重新思考整个数据管理和使用的框架。科学数据生命周期模型更加强调数据的长期价值、可重复性和可复用性，同时也考虑科学研究的特殊需求。从研究主体来看，已有的科学数据生命周期模型可以划分为政府、高校、科研机构等不同类型[2]。在政府层面，鲍静等将政府的数据生命周期管理分为6个阶段，包括数据生成和发布、权限配置管理、网上流转、数据呈现、利用管理和更新管理[3]；黄如花等将政府的数据生命周期分为5个相互关联、连续迭代的阶段，包括政府数据创建与采集、政府数据组织与处理、政府数据存储与发布、政府数据发现与获取、政府数据增值与评价[4]。针对高校的数据管理情况，魏悦和刘桂锋根据2016年U.S. News所公布的世界大学排行榜，并结合政策文本的获取性和政策内容的完整性，选取了美国、英国、澳大利亚三国各5所高校进行政策内容分析，最终将科学数据生命周期分为5个部分，分别为数

---

① Vasishta S. Assessment of academic research output during 1996-2009: a case study of PEC University of Technology, Chandigarh[J]. DESIDOC Journal of Library & Information Technology, 2011, 31(2): 136-142.

② 丁宁，马浩琴. 国外高校科学数据生命周期管理模型比较研究及借鉴[J]. 图书情报工作，2013，57（6）：18-22.

③ 鲍静，张勇进. 政府部门数据治理：一个亟需回应的基本问题[J]. 中国行政管理，2017（4）：28-34.

④ 黄如花，温芳芳，黄雯. 我国政府数据开放共享政策体系构建[J]. 图书情报工作，2018，62（9）：5-13.

据访问、数据组织、数据保存、数据共享和数据安全[①]；桑德尔·L. 库勒（Sander L. Koole）和洛特·维恩斯特拉（Lotte Veenstra）针对社区主体，提出了社区驱动的科学数据生命周期管理模型，包括识别、准备、发布、重用和评估 5 个阶段等内容[②]。在以科研机构为主体的科学数据管理中，师荣华和刘细文从内容层面对数据生命周期进行了划分，提出数据加工和知识抽取两个层次，在数据获取基础上进行的一系列高级活动，包括数据挖掘等知识发现活动[③]。钱鹏和郑建明则将科学数据生命周期所揭示的信息运动规律与科研活动的生命周期特征二者统一，强调科学数据管理关注的不仅仅是结果，更重要的是科研活动过程，进一步对数据生命周期管理模型进行了进一步拓展[④]。杨林等在理论基础上，对 7 个科学数据管理生命周期模型的实际提出机构、适用范围、结构特点、构成要素、应用实践等方面进行了分析与比较[⑤]。

为了明确科学数据管理的实质，以更好地完成科学数据管理流程，发挥科学数据的价值，本书在借鉴不同学者的观点基础上，同时根据科学数据活动的特点，将科学数据生命周期划分为 6 个阶段，即科学数据计划、科学数据采集、科学数据处理、科学数据存储、科学数据共享以及科学数据重用。

（一）科学数据计划

USGS 认为，科学数据计划是科学数据生命周期的第一个阶段，其目的是帮助科学家确保考虑到从项目开始到发布和存档的所有与处理项目数据资

---

① 魏悦，刘桂锋. 基于数据生命周期的国外高校科学数据管理与共享政策分析[J]. 情报杂志，2017，36（5）：153-158.

② Koole S L, Veenstra L. Does emotion regulation occur only inside people's heads? toward a situated cognition analysis of emotion-regulatory dynamics[J]. Psychological Inquiry, 2015, 26(1): 61-68.

③ 师荣华，刘细文. 基于数据生命周期的图书馆科学数据服务研究[J]. 图书情报工作，2011，55（1）：39-42.

④ 钱鹏，郑建明. 高校科学数据组织与服务初探[J]. 情报理论与实践，2011，34（2）：27-29.

⑤ 杨林，李姣，杨啸林，等. 我国卫生健康领域科学数据全链条管理现状调查与分析[J]. 图书情报工作，2017，61（22）：117-126.

产相关的活动①。在科学数据计划阶段，所有元素都应该被评估、处理和记录，而且需要考虑科学数据生命周期每个阶段的方法、所需资源（包括资金和人员）和预期输出。数据管理计划是科学数据计划这个阶段输出的具体表现形式之一。2018 年，国务院办公厅印发的《科学数据管理办法》强调"各级科技计划（专项、基金等）管理部门应建立先汇交科学数据、再验收科技计划（专项、基金等）项目的机制"，即各级主管部门应该强化对数据管理计划的监督，并履行科学数据管理的职责。科学数据计划阶段的主要任务是计划好如何处理和存储数据，即有完整的元数据标准，如定义数据类型、格式等；以及在整个科学数据生命周期过程中如何管理、访问和共享数据，如规定科学数据管理的职责分配，确保有相应的专业人员来执行数据管理计划②。

（二）科学数据采集

科学数据采集是指通过科研活动采集、生成或评估新的或现有的数据以供重用，如河流测量数据、生物记录、卫星观测数据、调查或观察数据等。科学数据能够帮助提高科学的可再利用性和可信度③，它不仅是可获得的和可重复利用的，而且还必须是准确无误的。科学数据采集是科学数据管理的基础步骤，其目的在于采集丰富可靠的数据资源以供进一步转化成为数据分析的成果，为决策和再利用提供支持。科学数据采集一般发生在科学研究的运行和实施阶段，科学数据采集的要求会随着机构类型和科研项目的不同而有所变化，但实质内容不会变，主要包括：①数据采集的格式；②数据审核；③对采集数据的相关性、完整性和准确性的要求；④数据表达的清晰性；⑤数据重复使用④⑤。在数据采集阶段，我国《科学数据管理办法》强

---

① USGS. The United States Geological Survey Science Data Lifecycle Model[EB/OL]. https://pubs.usgs.gov/of/2013/1265/pdf/of2013-1265.pdf[2013].

② 江洪，王春晓. 基于科学数据生命周期管理阶段的科学数据质量评价体系构建研究[J]. 图书情报工作，2020，64（10）：19-27.

③ Bartolo L M, Glotzer S C, Lowe C S, et al. Materials informatics: facilitating the integration of data-driven materials research with education[J]. JOM, 2008, 60(3): 51-52.

④ 郭春霞. 科研机构数据管理与共享政策研究[J]. 情报杂志，2015，34（8）：147-151.

⑤ 江洪，王春晓. 基于科学数据生命周期管理阶段的科学数据质量评价体系构建研究[J]. 图书情报工作，2020，64（10）：19-27.

调由有条件的法人单位承担其相关领域科学数据的整合汇交工作，应建立科学数据质量控制体系来保证数据的准确性和可用性。

（三）科学数据处理

科学数据处理是指利用数据处理软硬件资源，对有关数据进行加工或分析处理，并将得到的数据加工产品和分析处理结果以合适的方式提供给服务方[①]。科学数据处理的目的是挖掘和提升科学数据的产品价值，使科学数据具有可发现性（或可查找性）、可访问性、增值性、互操作性等[②]。科学数据处理包括数据的清洗和格式的转换、转移，其关键在于删除和替换无用信息，填充所需信息，转换成易于使用的格式[③]。此外，在科学数据处理环节可能还需要定义数据元素；集成异构数据集；执行提取、转换和负载操作；并应用校准来准备分析所需的数据。悉尼大学图书馆为了对数据进行精准的处理，抽取传统知识库中的元数据记录产生都柏林核心（Dublin Core，DC）元数据，并将本地元数据记录以数字形式提交。科学数据处理阶段的主要成果是生成可供后续集成和分析的标准化数据集。通过数据清洗、转换和规范化等处理，使原始数据转变为具有统一格式和结构的数据集，为下一步的数据集成和深入分析奠定基础[④]。

（四）科学数据存储

科学数据存储是科学数据共享和利用的前提和基础，切实可行的科学数据存储要求能够实现对科学数据的有效管理。数据存储是指存储数据以便数据的长期使用和访问，其目的是为数据、元数据、辅助产品以及任何附加文档的长期保存做好计划，以确保数据的可用性和可重用性。《剑桥大学科

---

① 史雅莉，赵童，汪庭，等. 科学数据平台数据引用标准化成熟度评价模型研究[J]. 图书情报工作，2023，67（22）：43-55.

② 张洋，肖燕珠. 生命周期视角下《科学数据管理办法》解读及其启示[J]. 图书馆学研究，2019（15）：37-43，13.

③ 聂云贝，刘桂锋，刘琼. 数据生态链视角下科学数据生命周期运行过程分析[J]. 信息资源管理学报，2021，11（2）：69-77.

④ Brownlee J. Portents of pluralism: how hybrid regimes affect democratic transitions[J]. American Journal of Political Science, 2009, 53(3): 515-532.

学数据管理政策原则》强调，应尽可能广泛和公开地提供科学数据，以支持已公布的研究成果。理想情况是将科学数据存储在合适的存储库，并为这些科学数据分配统一资源定位符（unified resource location，URL）[1]。科学数据存储的核心任务在于保证数据长期保存而不被丢失，可通过离线存储或在线存储两种方式保存科学数据。离线存储主要是科学数据生产者或科学数据使用者基于个人存储设备对科学数据进行定期存储；而在线存储是科学数据生产者将生产与获取的大规模科学数据存储在校内的机构存储库、校外的数据存储库或第三方云存储平台数据存储库中[2]。魏悦和刘桂锋对英国、美国、澳大利亚三国高校的科学数据政策进行梳理后发现，所有高校都对科学数据保存提出了要求，包括数据保存前的数据处理、数据保存期限、保存位置以及变更、保存格式、数据备份和超过保存期限的数据销毁等方面[3]。

（五）科学数据共享

科学数据共享是将传统的同行评议出版物概念与通过网站、数据目录、社交媒体和其他场所分发数据相结合，以公布和传播具有研究价值的数据和信息。作为科学数据生命周期以及数据管理流程的一个重要阶段，科学数据的共享问题较早地进入了学界的讨论议程。西贝尔（J. E. Sieber）等从经济和时间成本、管理机制以及共享风险等方面分析了影响科学数据共享的制约因素[4]。针对如何促进科学数据共享的问题，博格曼（C. L. Borgman）提出了科学数据共享的四大理由：进行研究再现或对研究进行验证，使公共资助研究的结果让大众知晓和使用，使其他研究人员利用现有科学数据进行新

---

[1] University of Cambridge. University of Cambridge Research Data Management Policy Framework[EB/OL]. https://www.data.cam.ac.uk/university-policy[2021-02-11].

[2] 聂云贝，刘桂锋，刘琼. 数据生态链视角下科学数据生命周期运行过程分析[J]. 信息资源管理学报，2021，11（2）：69-77.

[3] 魏悦，刘桂锋. 基于数据生命周期的国外高校科学数据管理与共享政策分析[J]. 情报杂志，2017，36（5）：153-158.

[4] Sieber J E, Stanley B. Ethical and professional dimensions of socially sensitive research[J]. The American Psychologist, 1988, 43(1): 49-55.

的科学问题的探讨，提高研究水平和创新层次[1]。黄如花等认为，科学数据共享的动力来源主要是推动科学研究的发展、避免重复浪费、促进科学研究合作，而共享的障碍则包括技术难题、数据的处理和记录、对原始生产者的回报、后续研究者的花费、共享费用等[2]。相比国外而言，我国尚未形成有效的数据开放机制，各个政府部门、科研机构之间的数据共享仍然存在壁垒，形成了"数据孤岛"[3]。科学数据共享需要确定共享数据的研究领域、共享程度、使用方式、数据引用、数据使用、数据共享安全以及数据共享技术等问题，从而推动科学数据开放共享工作的落实。在此阶段，数据和传统出版物一样，都是研究产品。

（六）科学数据重用

科学数据重用也叫科学数据价值再造，科学数据重用是指用户检索、获取和分析数据的过程，社会团体、企业、科研机构、社会公众等利益相关用户可充分利用开放获取的数据资源，在公共参与、科学决策、产品创新、社会合作等方面产生政治、经济、文化价值[4]。科学数据重用过程需要充分考虑对数据生产者的尊重和认可，即规范数据知识产权和数据引用格式问题。规范数据生产和制作过程中各个贡献者的收益，特别是当某项科学研究是由多个机构合作完成时，要针对科学数据知识产权问题签署相关协议，明确各机构对科学数据管理与共享的权利和义务，协议内容包括数据使用条件、使用限制、使用期限、使用方式、费用、数据使用终止条件等。科研机构的数据管理与共享政策要针对数据集的使用情况进行相关说明，并规范相应的数据引用格式。

① Borgman C L. The conundrum of sharing research data[J]. Journal of the American Society for Information Science and Technology, 2012, 63(6): 1059-1078.
② 黄如花，邱春艳. 国外科学数据共享研究综述[J]. 情报资料工作，2013（4）：24-30.
③ 邢文明，洪程. 开放为常态，不开放为例外：解读《科学数据管理办法》中的科学数据共享与利用[J]. 图书馆论坛，2019（1）：117-124.
④ 黄如花，黄雨婷，李雅. 国内外开放政府数据利用研究：进展与动向[J]. 情报资料工作，2022，43（4）：5-15.

第三节 基于生命周期的科学数据质量管理体系

从科学数据的计划到共享与重用，社会层面对于科学数据的期待价值已经远超于科学数据本身，从强调科学数据本身的应用效益到关注科学数据再造的效益产出，对科学数据质量管理、维护等的要求也逐步提高。为适应数据动态化发展和数据全球化应用的步伐，在科学数据生命周期的每个阶段，都需采取对应的科学数据质量管控方式，提升管理效率，确保质量管理体系的稳定运行。不同阶段科学数据质量管理的基本要求如表 3.2 所示。

表 3.2 不同阶段科学数据质量管理的基本要求

生命周期	与科学数据质量管理相关的要求	涉及的主要利益相关者
计划阶段	在满足 FAIR 原则的前提下，撰写和编制科学数据管理计划；明确、完整、准确、规范地产出各阶段的科学数据管理内容，符合相关主体的政策要求（如格式要求、存储要求）等	研究人员、研究资助方、科研机构或高校等研究管理主体
采集阶段	明确科学数据的采集范围、方式；对所采集的科学数据格式进行统一的标准化说明或制定领域内、行业内公认的数据标准，确保科学数据的可访问性等	研究人员、研究资助方、学界联盟、标准机构、科研机构或高校等研究管理主体
处理阶段	为实现科学数据的可互操作，明确元数据标准，创建元数据目录清单；对元数据进行质量评估；建立科学数据标识符，增加科学数据的索引方式等	研究人员、出版商、科研机构或高校等研究管理主体
存储阶段	将科学数据存储在高质量的数据存储环境；对科学数据进行备份等长期存储操作；建设和开发存储环境及存储技术等	研究人员、研究资助方、数据中心/数据库、科研机构或高校等研究管理主体
共享与重用阶段	明确科学数据引用规范，建立科学数据共享与重用规章制度，确保引用科学数据时符合相关的标准；建设和开发科学数据共享环境及共享工具等	研究人员、出版商、科研机构或高校等研究管理主体

资料来源：笔者整理

一、计划阶段

科学数据计划作为科学数据正式进入数据生命周期循环前的准备阶段，需要统筹布局好后续数据生命周期各阶段的组织和管理工作。保障科学数据质量的落地工作并不在科学数据计划阶段展开，但在科学数据计划阶段，有关于数据质量管理的落地及保障工作需要提前做好规划部署，具体通过数据管理计划的形式表现出来。

（一）数据管理计划的内容

数据管理计划是保证数据质量的根本文件[①]，包括对整个生命周期如何管理数据、保障数据质量进行宏观规划，聚焦在数据管理主体责任、数据计划篇幅以及计划内容、更新与教育培训、资金保障等方面的内容[②]。虽然数据的格式和产生场景不同，但是数据管理计划基本包含需求管理、数据质量（策略/标准/过程）管理、数据质量管理措施等内容[③]。

英国自然环境研究委员会（Natural Environment Research Council，NERC）要求所有获得 NERC 资助的项目必须提交数据管理计划，具体包括：①对研究项目将使用的现有数据来源的解释，并附有参考文献；②研究项目将产生或访问的数据信息，如数据量、数据类型、数据质量、格式、标准文档和元数据；③数据收集和/或处理的方法；④第三方数据的来源和可信度；⑤数据质量保证和备份程序；⑥数据共享的预期困难，以及克服这些困难的措施，明确说明哪些数据可能难以共享以及原因。如受资助者无法满足上述要求，可能会面临被扣除奖金以及失去资助资格的情况[④]。

英国生物技术与生物科学研究理事会（Biotechnology and Biological Sciences Research Council，BBSRC）要求研究人员提交的数据管理计划包括以下内容。

（1）数据共享的范围和类型：产生的数据量、类型和内容，如实验测量、模型、记录和图像。

---

① 江洪，王春晓. 基于科学数据生命周期管理阶段的科学数据质量评价体系构建研究[J]. 图书情报工作，2020，64（10）：19-27.

② 夏义堃，管茜. 基于生命周期的生命科学数据质量控制体系研究[J]. 图书与情报，2021（3）：23-34.

③ 王志强，杨青海. 科学数据质量及其标准化研究[J]. 标准科学，2019（3）：25-30.

④ Natural Environment Research Council. Outline Data Management Plan Template and Guidance[EB/OL]. https://www.ukri.org/publications/outline-data-management-plan-template-and-guidance/[2012-08-01].

（2）标准和元数据：用于数据收集和管理的标准与方法，以及选择这些标准与方法的理由。

（3）数据关联与共享计划：一方面，需要说明数据的再利用价值，即对已完成数据集在未来研究中潜在的应用进行评估和规划。另一方面，制订具体的数据共享方案，包括选择合适的公共数据库进行存储，或建立特定的按需提供机制，同时制定清晰的数据查询和访问规则。

（4）数据保护要求：对于具有商业价值或知识产权潜力的数据，需明确规定共享限制的具体范围，包括说明哪些数据因专有性或专利申请而需保护，并制定相应的限制措施和访问控制机制。

（5）时限：公布数据的时限。

（6）最终数据集的格式规范[①]。

（二）数据管理计划的提交

数据管理计划作为科研设计与研究实施的具体规划，以及科研后续过程的重要指导，正被逐步纳入科研项目申报的必要组成部分，成为评估科研项目是否值得资助以及项目结题验收的关键指标[②]。当前，多数科研机构和高校等研究主体通常会要求项目申请人在提交项目申请时附上数据管理计划。1995 年，英国经济和社会研究委员会（Economic and Social Research Council，ESRC）制订了数据管理计划，要求其资助的研究所产生的数据应尽可能共享，并确保长期保存和高质量管理。NIH 规定，所有收集科学数据的项目的 NIH 拨款申请必须包含数据管理和共享（data management and sharing，DMS）计划，其中需要详细说明分析数据所需的软件或工具，原始数据的公布时间和地点，以及数据访问或分发的特殊考虑因素；数据管理计划被定义为一份描述项目期间将创建哪些数据以及如何管理这些数据的文档，包括将产生的科学数据类型、适用的数据政策（资金、机构和法律）、

---

① Biotechnology and Biological Sciences Research Council. BBSRC Data Sharing Policy. version 1.22[EB/OL]. https://www.ukri.org/wp-content/uploads/2021/07/data-sharing-policy-v1.22.pdf[2017-03].

② 夏义堃，管茜. 基于生命周期的生命科学数据质量控制体系研究[J]. 图书与情报，2021（3）：23-34.

数据所有权和访问权限、将使用的数据管理实践（备份、访问控制、归档）、需要的设施和设备（硬盘空间、备份服务器、存储库），以及计划负责人[①]。斯坦福大学的数据管理计划强调，研究人员应将数据管理计划作为提案文件的一部分，以符合资助机构的数据管理规定，增强其研究的透明度[②]。

从资助机构数据管理要求以及大学、科研机构等科研活动主体的科学数据管理制度来看，数据管理计划在撰写阶段正逐步加强对数据质量的控制，增加了规范性、完整性和准确性的要求[③]，并且部分机构开始对数据管理计划进行适当的审查。DOE 的数据管理计划要求指出，从 2015 年 10 月 1 日开始，DOE 资助的研究办公室将确保所有研究资助的征集和邀请中包含数据管理计划的要求，并详细说明提交数据管理计划的方式和时间。数据管理计划也会接受适当的审查，包括对数据长期保存和获取的相对价值，以及相关成本和管理负担的评估[④]。

为了帮助研究人员更好地制订数据管理计划，许多科研机构提供了全方位的技术支持和服务指导。例如，一些高校开发了在线数据管理计划制订平台，要求研究人员在项目启动前通过该平台完成计划的制订，这不仅简化了计划制订的流程，还确保了计划内容的规范性和完整性。以斯坦福大学为例，其图书馆设立了专门的数据管理服务部门，为校内研究人员提供科学数据全生命周期的管理服务，这包括从数据管理计划的制定到数据的组织、备份等具体实施环节的全程支持[⑤]。

---

① National Institutes of Health. Data Management and Sharing Policy[EB/OL]. https://sharing.nih.gov/data-management-and-sharing-policy[2023-09-15].

② Stanford University. Retention of and Access to Research Data[EB/OL]. https://doresearch. stanford.edu/policies/research-policy-handbook/conduct-research/retention-and-access-research-data[2023-09-15].

③ 夏义堃，管茜. 基于生命周期的生命科学数据质量控制体系研究[J]. 图书与情报，2021（3）：23-34.

④ Department of Energy. DOE Requirements and Guidance for Digital Research Data Management[EB/OL]. https://www.energy.gov/datamanagement/doe-policy-digital-research-data-management[2023-09-15].

⑤ 高达宇. 开放科学环境下美国医学院校图书馆数据管理服务现状和启示[J]. 数据，2023（2）：51-53.

二、采集阶段

科学数据采集是指研究人员借助仪器设备、试剂器材等对数据客体进行实验和观察，从而获取的数据表现形式的结果，这些数据客观、精确地描述了观察的内容、过程和现象[①]。科学数据采集涉及作为数据生成者的研究人员及其所在机构，以及作为数据接收方的资助机构、出版商和数据平台，是数据质量控制的关键和基础[②]。为确保科学数据的质量控制，明确数据采集的范围是首要任务。在界定的范围内，对数据进行格式统一化的采集，并确保采集系统的可读性和安全性，是这一阶段的核心任务。

（一）界定数据采集范围

混乱的科学数据可能导致分析结果和决策出现误导或偏差[③]。通过明确界定科学数据的采集范围，可以降低数据在初始阶段被污染的可能性，为后续的数据分析和共享等环节打下坚实基础。例如，斯坦福大学明确指出科学数据的范围包括实验室笔记本、重建和评估报告的研究结果，以及产出这些结果的事件和过程所需的任何其他记录。无论使用何种记录形式和采集数据的设备，斯坦福大学都要求研究人员必须保留足够详细的科学数据，并保留足够的时间，以便能够适当回应有关准确性、真实性、首要性以及遵守管理研究行为的法律法规的问题。耶鲁大学同样指出，科学数据包括与研究相关的事实信息记录，包括但不限于重建和评估研究结果所需的所有记录，无论记录材料的形式或媒介（如实验室笔记本、照片、数字图像、数据文件、数据处理或计算机程序软件、统计记录等）。科学数据不包括已出版或公开发表的书籍、文章、论文或其他学术著作、此类学术著作的草稿、未来研究计划、同行评审或与同事沟通的内容[④]。

---

① 胡良霖. 科学数据资源的质量控制和评估[J]. 科研信息化技术与应用，2009（1）：50-55.

② 吴金红，陈勇跃，胡慕海. e-Science 环境下科学数据监管中的质量控制模型研究[J]. 情报学报，2016，35（3）：237-245.

③ Fan W F, Geerts F. Foundations of Data Quality Management[M]. Cham: Springer International Publishing, 2012.

④ Yale University. 6001 Research Data & Materials Policy[EB/OL]. https://your.yale.edu/policies-procedures/policies/6001-research-data-materials-policy[2023-09-15].

对于具体的科学数据采集类别，部分科研机构会与领域内学者持续合作，达成相关共识，为领域内提供指导建议，或是遵从国际公认标准，确保采集的数据满足互通性与兼容性。例如，英国 NERC 与环境科学领域的学者保持长期合作，识别并更新具有长期价值的环境数据标准（即数据价值清单），用于支持国家数据中心的数据收集和管理工作。又如，组学原始数据归档库（Genome Sequence Archive，GSA）遵循国际核酸序列数据库联盟（International Nucleotide Sequence Database Collaboration，INSDC）的数据标准，其数据信息类别涵盖项目信息、样本信息、实验信息以及测序反应信息等[1]。

（二）统一采集数据格式

科学数据采集阶段的质量要求不仅仅是将实验室记录材料简单地数字化、数据化，还需要考虑数据采集后的可扩展性、互操作性[2]，因此，数据标准化是数据采集阶段十分重要的管理措施。多数科研机构以 FAIR 原则为指导提出了相关的数据标准化要求。NIH 要求研究人员根据可发现、可访问、可互操作、可重用的原则采集数据，并对提交的数据进行审查；法国 CNRS 在《法国第二期开放科学计划》中强调，使用 CNRS 项目资源生成的数据必须尽可能便于访问和重用[3]；欧盟在《地平线 2020 计划的 FAIR 数据管理指南》提出了较为全面的指南文件，如要求数据集中所有数据类型必须使用标准词汇表等[4]。此外，随着科学数据体量的指数级增长，领域内可能会出现某种类型的数据尚无标准以供参考的情况。针对上述情况，NIH 指

① BIG Data Center Members. The BIG Data Center: from deposition to integration to translation[J]. Nucleic Acids Research, 2017, 45(D1): D18-D24.

② 吴金红，陈勇跃，胡慕海. e-Science 环境下科学数据监管中的质量控制模型研究[J]. 情报学报，2016，35（3）：237-245.

③ Centre national de la recherche scientifique. Second French Plan for Open Science [EB/OL]. https://www.ouvrirlascience.fr/wp-content/uploads/2021/10/Second_French_ Plan-for-Open-Science_web.pdf [2021-10-07].

④ European Commission. H2020 Programme: Guidelines on FAIR Data Management in Horizon 2020[EB/OL]. https://ec.europa.eu/research/participants/data/ref/h2020/grants_manual/ hi/oa_pilot/h2020-hi-oa-data-mgt_en.pdf[2016-07-26].

出，鉴于这些数据在后续使用中的重要性，NIH 鼓励研究人员参考研究界相关的现有数据标准。

（三）强调文件命名和系统可读性

为确保采集的科学数据便于整理和查找，部分高校对需要采集的数据文件命名也提出了具体要求。例如，英属哥伦比亚大学建议在文件命名时遵循以下原则：按照年月日的顺序记录日期；赋予文件独特的识别码；在名称中体现主要内容特征；使用下划线连接各部分；利用编号或日期来标识版本差异[①]。与此同时，文件的存储结构也应当保持简洁明了，避免设计过度复杂的目录层级。命名规范不仅有助于快速检索所需数据，还能显著提升科研资料的管理效率，为后续的数据分析和研究工作打下坚实基础。

> 英属哥伦比亚大学强调，合理的文件名称和组织方式可以使这些文件更易于查找和浏览，也能使研究工作有条不紊。建议研究人员制定一套文件命名规则，并在整个项目期间坚持使用，以确保团队成员都遵循相同的文件命名规则。
>
> 将文件名控制在 32 个字符以内；对广泛的文件类型进行分类（如成绩单、照片等）；避免使用空格和特殊字符；使用下划线而非句号或空格来分隔文件名的不同部分；确保文件名在其文件夹之外具有描述性（以防它们被放错地方或改变位置），即文件名应包括所有必要的描述信息；包括日期并保持格式一致（国际标准的日期格式是 YYYYMMDD）；包括版本号以跟踪文件的多个版本；保持命名的一致性。在文件命名时，建议注意以下事项：
>
> （1）以 YYYYMMDD 格式表示日期，以便计算机按时间顺序进行排序。
>
> （2）使用简短且唯一的标识符（如项目名称或#），以避免因文件名过长，需要左右移动屏幕或窗口才能完成文件名的阅读。
>
> （3）将内容摘要（如调查表或赠款建议）作为文件名的一部分。

[①] Research Data Management:Organize[EB/OL]. http://researchdata.library.ubc.ca/plan/organize-your-data/[2023-04-21].

（4）使用_（下划线）作为分隔符，避免在词与词之间出现空格和这些特殊字符：& , * % # * ( )! @$ ^ ~ ' { } [ ] ? < > -（因为不同的操作系统对特殊字符的处理方式不同，使用特殊字符会影响文件的打开或改变系统对文件的排序方式）。

（5）追踪文件版本，可以按顺序编号（如 v01、v02……）或使用唯一的日期和时间（20140403_1800），以准确跟踪版本。

（6）一个好的文件命名系统可以替代复杂的文件夹层次结构。限制文件夹的嵌套层数，并尽量简化层次结构。复杂的文件夹层次结构更难浏览，也更容易在归档时出现错误。

确保科学数据在系统中的可读性和安全性是数据采集过程中保证数据质量的关键环节。例如，美国政府《开放数据政策——将信息作为资产进行管理》中指出，在法律允许的范围内，机构必须设计新的信息收集流程和系统，确保收集或创建的信息能够支持系统下游的互操作性、安全性以及向公众传播信息的及时性，包括但不限于以下要点：①机构在收集或创建信息时必须使用机器可读和开放的格式。虽然在默认情况下应以电子方式收集信息，但在以电子、电话或纸质方式收集信息时，也必须使用机器可读和开放的格式。②使用的数据标准应与联邦机构在收集或创建信息时使用的现有相关政策保持一致，机构必须使用这些标准以促进科学数据的互操作性和开放性等[①]。

三、处理阶段

对科学数据进行准确的处理需要建立在标准化的元数据基础上。统一元数据可以帮助研究人员增强对科学数据的理解并提高数据的互操作性。除此之外，数据的索引功能能够保障数据的唯一性，确保数据有迹可循。因此，在创建、处理、提交元数据等方面，各科研主体都提出了一致性、规范性、互通性的要求。

---

① Office of Management and Budget. Supplemental Guidance on the Implementation of M-13-13 "Open Data Policy—Managing Information as an Asset"[EB/OL]. https://resources. data.gov/resources/m-13-13-guidance/[2013-11-30].

（一）提高元数据标准，以便捷地实现数据互联

元数据不仅要展示数据的物理特性，更重要的是要建立数据之间的逻辑关联。有学者在分析了元数据的需求及其在科学数据管理、存储和共享环节的重要作用后，证实了元数据标准的建设质量是衡量科学数据质量不可或缺的评判标准之一[①]。一方面，通过创建元数据目录，可以连接不同数据体系的数渠道，实现数据的高效共享和互联互通；另一方面，基于共识性的元数据标准，其他研究人员能够对数据价值进行深入挖掘和再造。澳大利亚国家健康与医学研究委员会（National Health and Medical Research Council，NHMRC）对元数据的类型进行了定义，即元数据是有关对象或资源的信息，它描述内容、质量、格式、位置和联系信息等特征[②]。这些可能包括（但不限于）NHMRC 拨款账号、其他资金来源、作者、出版商、标题、卷号、发行日期、出版日期、页码、研究产出类型、ISBN[③]/ISSN[④]/其他标准号、许可证类型和其他相关详细信息。ESRC 要求科学数据应附有高质量的文档说明和元数据，以便二级用户能够独立理解数据、进行探索和允许科学重用，其中文档至少应描述数据的来源、实地工作和数据收集方法、处理和/或研究人员对数据的管理，应清楚地标记和描述变量或文本等单个数据项[⑤]。英国医学研究理事会（Medical Research Council，MRC）建议研究人员在研究完成后优先选择编制结构化的元数据目录，并且研究人员所提交的数据描述和元数据目录等情况也将通过 MRC 平台进行共享，以最大限度地支持数据分析和研究[⑥]。

---

① 黄如花，邱春艳. 国内外科学数据元数据研究进展[J]. 图书与情报，2014（6）：102-108.

② National Health and Medical Research Council. Management of Data and Information in Research [EB/OL]. https://www.nhmrc.gov.au/sites/default/files/documents/attachments/Management-of-Data-and-Information-in-Research.pdf[2019-06-26].

③ ISBN 即国际标准书号（international standard book number）。

④ ISSN 即国际标准期刊号（international standard serial number）。

⑤ UK Research and Innovation. ESRC Research Data Policy[EB/OL]. https://www.ukri.org/wp-content/uploads/2021/07/ESRC-200721-ResearchDataPolicy.pdf[2021-07-20].

⑥ Medical Research Council. MRC Policy and Guidance on Sharing of Research Data from Population and Patient Studies[EB/OL]. https://epi-meta.mrc-epid.cam.ac.uk/downloads/MRCpolicyguidanceDataSharingPopPatientStudies_01-00.pdf[2024-09-15].

> 　　美国 NSF 的数据管理计划要求研究人员对元数据格式和内容的标准进行阐述，具体要求如下。
>
> 　　（1）您将使用哪种文件格式，以及选择的理由？
>
> 　　（2）需要哪些上下文信息（元数据）才能使您捕获或收集的数据有意义？
>
> 　　（3）您将如何创建或捕获这些信息？
>
> 　　（4）元数据将以何种形式呈现？
>
> 　　（5）您将使用哪些元数据标准？
>
> 　　（6）选择特定的元数据标准和方法的依据是什么？（如团队成员的专业经验、开源软件的可用性、领域内的通用标准或其普及程度等）

　　此外，美国白宫针对元数据的类型、拓展、审查等方面，提出了相关的补充条例：机构在收集和创建信息时，必须使用公共核心元数据，并应与开放数据项目中发布的最佳实践保持一致。元数据还应包括关于数据来源、关联数据、地理位置、时间序列、数据质量和其他相关指数的信息。各机构可根据不同领域（如金融、卫生、地理空间、执法）制定的标准、规范或格式来扩展基本的共同元数据。负责开发和发布这些元数据规范的小组必须确保它们符合公共核心元数据的标准、规范和格式。

　　（二）赋予科学数据标识符和索引，建立数据唯一性识别保障体系

　　创建科学数据标识符有利于数据的定位与管理，简化数据的重用流程，提升数据的利用价值，同时也能识别和认证数据贡献者，对数据贡献者有一定的激励作用，进而促进科学数据在领域内的共享和产出[①]。美国医疗保健研究与质量局（The Agency for Healthcare Research and Quality，AHRQ）为了建立可持续的数据管理能力网络，计划与商业存储库合作开发一个数据发现索引系统，为 AHRQ 资助的研究中生成的数据集分配唯一标识符。这种数据集的索引也将促进完整引用的生成，使得科学贡献（科学论

---

　　① 刘桂锋，卢章平，阮炼. 美国高校图书馆的研究数据管理服务体系构建及策略研究[J]. 大学图书馆学报，2016，34（3）：16-22.

文的作者）和数据相关贡献（AHRQ 数据索引条目的作者）能够被明确区分。此外，AHRQ 积极探索与联邦机构、美国卫生与公众服务部（United States Department of Health and Human Services，HHS）运营部门和其他公共及私营利益攸关方的合作，以制订跨科学界和其他数据集归属系统的数据集引用的一致做法，并开发跨多个索引的联邦搜索方法①。法国 CNRS 旗下的国家科技信息研究所（Institute of Scientific and Technical Information，INIST）开发的 OPIDoR 服务有助于为数据集分配 DOI，并支持数据管理计划的实施。

美国 OSTP 发布了《联邦资助研究数据库理想特征指南》（Guidance on Desirable Characteristics of Data Repositories for Federally Funded Research）。OSTP 指出，数据库应为每个科学数据集分配一个可引用的唯一永久标识符［持久标识符（persistent identifier，PID）或数字持久标识符（digital persistent identifier，DPI）］，这与 DOI 的功能相似，以便于数据发现、撰写报告（如研究进展）和研究评估（识别联邦资助研究的产出）。这个唯一的永久标识符应指向一个永久位置，即使数据集被取消访问或不再可用，该位置仍然可以访问②。

GenBank 的 DNA 序列数据库中的"基因识别号"（GenBank identifier number）作为一种国际通用的序列标识符，是数据库在处理数据序列时连续分配的唯一身份标识号（identity document，ID），在生物信息学领域数据库中得到了广泛的应用。根据可发现原则的数据库实践情况，结合生物信息学数据的来源、学科分类、权属、类型、实验信息，即使在缺乏明确科学数据标识符的情况下，用户仍能有效地检索到所需数据，从而有助于提高数据的可发现性和检索效率③。

---

① Agency for Healthcare Research and Quality. AHRQ Public Access to Federally Funded Research[EB/OL]. https://www.ahrq.gov/funding/policies/publicaccess/index.html [2018-07].

② The National Science and Technology Council. Desirable Characteristics of Data Repositories for Federally Funded Research[EB/OL]. https://www.whitehouse.gov/wp-content/uploads/2022/05/05-2022-Desirable-Characteristics-of-Data-Repositories.pdf[2022-05].

③ 戚筠，何琳. 领域数据库的 FAIR 原则实践：以生物信息学为例[J]. 图书馆论坛，2023，43（5）：95-103.

英属哥伦比亚大学运用 DOI 为研究论文和数据集等数字对象创建可靠、持久的链接。一些存储库能够自动给研究者的数据集分配 DOI 链接，使研究者能够引用这些链接，而且这些链接不会被更改，这对于引用尤其有用，有助于研究者跟踪其学术影响力[①]。

四、存储阶段

在科学数据存储阶段，通常是将数据资源以具体的格式进行存储并管理。在该阶段，应该重点关注其存储环境、存储方式等因素对质量的影响[②]，具体包括选择数据库、确定数据的保存格式、设定保留期限以及规划数据备份等，强调存储的规范性、持久性、可迁移性、可恢复性和安全性。

（一）科学数据的规范化存储管理

数据库系统的主要功能是支持大量数据的创建、维护和使用，并关注数据的规模。鉴于不同数据库的数据质量控制水平参差不齐，科研机构在数据存储阶段为确保数据质量，通常会要求科研人员将数据存储在机构指定的数据库中。例如，许多 NIH 资助的项目都要求将数据存储在现有的数据存储库中，NIH 目前支持一系列研究领域和数据类型的数据存储库。NIH 的许多政策，如《基因组数据共享政策》（Genomic Data Sharing，GDS），均指定一个中央存储库供研究人员存储数据（即 dbGaP）。在此基础上，NIH 还积极促进与其研究相关的科学期刊建立公私伙伴关系；在适当的情况下，将发布的研究数据存入旗下的可公开存取的数据库。对于接受资助的研究项目，数据存储的方式、时间、工具的选择非常重要。NHMRC 要求出版物元数据也必须存储，并且应在出版物发布后 3 个月内存入机构存储库。

NIH 和 NSF 作为美国主要的科研项目资助机构，都对数据存储管理提出了具体要求。NIH 侧重于确保数据的长期保存和可获取性，并对数据共

---

① 韩金凤. 加拿大高校图书馆科研数据管理服务调研及启示[J]. 国家图书馆学刊，2017，26（1）：38-46.

② 胡良霖. 科学数据资源的质量控制和评估[J]. 科研信息化技术与应用，2009（1）：50-55.

享的具体实施方式进行了规范。相比之下，NSF 则更加关注数据的维护策略、存储位置以及数据处理流程。表 3.3 列出了 NIH 和 NSF 在数据管理计划中对存储阶段的具体要求。

表 3.3　NIH 和 NSF 关于科学数据存储的具体要求

NIH 关于科学数据存储阶段的要求	NSF 关于科学数据存储阶段的要求
NIH 要求所有接受联邦赠款和合同的研究人员制订数据管理计划，适当地描述他们将如何长期保存和获取由联邦资助的研究产生的数字格式的科学数据，或者对无法长期保存和获取的情况进行说明： （1）是否以及如何向他人提供数据，包括保护隐私、保密性、安全性的规定。 （2）诸如要分享的数据（如基因组、临床或图像数据）、预期的数据提供时间、数据格式、最终数据集的格式，以及任何查询和/或分析数据共享的模式。例如，通过数据档案，或在研究者自己的主持下，通过邮寄磁盘或在机构或个人网站上发布数据。 （3）索取数据的程序和任何必要的数据共享协议，包括获取数据的标准和对数据使用的任何限制。	NSF 的数据管理计划需要研究人员对其数据、样本和其他研究产品的存档等情况进行说明： （1）维护、管理和归档数据的长期策略是什么？ （2）将使用哪个档案库/储存库/中央数据库/数据中心来存储数据？ （3）为了保存/共享数据，需要进行哪些数据转换？（例如，在适当情况下进行数据清洗/匿名化） （4）哪些元数据/文档将与数据一起提交，或者在存储/转换过程中创建，以确保数据的可重用性？ （5）在项目生命周期结束后，相关资料（如参考文献、报告、研究论文、原始投标书等）应该保存多久？ （6）您计划使用的长期数据存储设施有哪些用于保存和备份？

（二）给予数据存储的指导建议

缺少大型数据存储设施的高校和中小型科研机构通常会建议研究人员将数据存储到高质量的数据库中，并给予相应的数据库参考。例如，爱丁堡大学建议研究人员尽可能地将数据存储在公认的公共数据存储库，如 GenBank、Swiss-Prot、SRA 等，数据可以独立存储，也可以在数据出版期刊的协议下存储，并且数据集需要分配唯一标识符，如 DOI[①]；ESRC 指出，研究人员在将数据存入适合的高质量存储库时，应遵循数据文档倡议（Data Documentation Initiative，DDI）、统计数据和元数据交换（Statistical Data and Metadata eXchange，SDMX）或欧洲空间信息基础设施（Infrastructure for

---

[①] University of Edinburgh. Research Data Management Policy[EB/OL]. https://era.ed.ac.uk/bitstream/handle/1842/38236/UoE-RDM-Policy-in-template-10-11-2021.pdf?sequence=2&isAllowed=y[2021-10-11].

Spatial Information in Europe，INSPIRE）等元数据标准，提供或创建一个标准化的、结构化的元数据记录，解释其目的、来源、时间参考、地理位置、创建者、资料的存取条件及使用条款（有时需要多个元数据标准）。该数据库应严格参照数据文档来发布、传播和推广科学数据。《NHMRC 开放获取政策》强调，研究人员将出版物和数据存储在学术交流网络中不符合其要求。考虑到学术通信网络（如 ResearchGate）是社交网络平台，根据该政策，它们是不被接受的，因为它们可能无法为长期存储、策展和/或满足出版商版权要求提供适当的支持。CNRS 建议研究人员将基础数据集存储在适当的数据存储库中，并且尽可能地存储在与数据的质量保证和传播最匹配的主题存储库中。CNRS 及其下属服务机构正在积极梳理可用的数据存储资源，包括大学图书馆、人文科学研究所等机构数据库，并配备专业人员协助科研人员完成数据管理工作。

加拿大卫生研究院（Canadian Institutes of Health Research，CIHR）、加拿大自然科学与工程技术研究理事会（Natural Sciences and Engineering Research Council of Canada，NSERC）、加拿大社会科学和人文研究委员会（Social Sciences and Humanities Research Council of Canada，SSHRC）的数据存储相关规定指出，受资助者必须将所有直接支持研究的数字数据、元数据和代码存入数字资源库[①]。对于机构支持的研究产生的期刊出版物和预印本中直接支持研究结论的所有数字科学数据和代码，需要明确哪些是相关的科学数据，以及哪些科学数据应该被保存。这些问题往往具有很强的学科背景，应遵循学科规范。数据存储应在出版物发表时完成。存储库的选择可依据学科需求和研究者自身的判断进行。

美国 OSTP 提出的联邦资助研究数据库理想特征中，对数据库的质量管理要求如下：

（1）数据库应确保研究数据集附带原始数据，以便于能够发现、再

[①] Canadian Institutes of Health Research, Natural Sciences and Engineering Research Council of Canada, Social Sciences and Humanities Research Council of Canada. Tri-Agency Research Data Management Policy[EB/OL]. https://science.gc.ca/site/science/en/interagency-research-funding/policies-and-guidelines/research-data-management/tri-agency-research-data-management-policy[2021-03-14].

利用和引用数据集，并采用适宜数据库服务对象广泛应用的模式。

（2）数据库应确保研究数据集附带包含再利用条款的原始数据，并为用户提供数据衡量归因、引用和再利用的能力（如提供充分且可公开访问的原始数据和唯一的 PID）。

（3）数据库应支持使用其服务学科中广泛认可的标准、通用（最好是非专有）格式来访问、下载或导出数据集和原始数据。

（4）数据库应有适当的机制来记录研究数据的来源、存储链、版本控制，以及任何对提交的数据集和原始数据的修改。对于涉及人类数据库的特殊要求，OSTP 要求数据库应使用全程备案的程序来传达和实施数据使用限制，如防止数据被重新标识或重新分发给未经授权的用户。

（三）强化日常数据的备份工作

对于不涉及项目资助的少量科学数据，数据的备份成为数据存储的必需环节，以确保科学数据质量得到高度保障。圣安德鲁斯大学指出，将数据存储在计算机等设备上可能面临文件损坏、不可读、意外删除等风险，因此建议研究人员将数据存储在校内的云网络系统中，并定期对存储的数据进行备份，以确保数据质量可以得到高度保障[1]。新南威尔士大学要求，以电子格式存储的记录必须受到适当的电子保护和/或物理访问控制的保护，这些保护和/或物理访问控制仅限授权用户访问。同样，存储在大学数据存储库（数据库等）中的数据也应确保只有授权用户可以访问[2]。帝国理工大学为了确保个人资料和个人数据得到妥善保存和处理，将采取适当的技术和组织措施，避免数据未经授权的非法处理、意外丢失、毁坏或损坏等[3]。此外，

---

[1] University of St Andrews. Data Storage[EB/OL]. https://www.st-andrews.ac.uk/research/support/open-research/research-data-management/data-storage/[2024-09-15].

[2] The University of New South Wales. Data Governance Policy[EB/OL]. https://www.unsw.edu.au/content/dam/pdfs/governance/policy/2022-01-policies/datagovernancepolicy.pdf[2017-02-20].

[3] Imperial College London. Imperial College Data Protection Policy[EB/OL]. https://www.imperial.ac.uk/media/imperial-college/administration-and-support-services/legal-services-office/public/data-protection/DP_0-Data-Protection-Policy-v2-FINAL-15-May-2018.pdf[2018-05-15].

一些大学要求研究人员定期备份数据，并强调在不同的场地（如家中、办公室）处理数据时，均需保留备份的副本。对于敏感数据，则不应将其存储在连接互联网的计算机上，最好不要连接任何网络。

五、共享与重用阶段

欧盟委员会指出，缺乏互操作性使得各领域无法应对需要多学科、多参与者交叉融合的重大社会挑战[①]。因此，通过控制引用规范和开发高质量共享工具等关键环节，保障数据的开放性、规范性、可访问性、可引用性等要求，是本阶段的重点工作。

（一）颁布数据共享管理规定，强调引用等共享管理规范

在科学数据共享的过程中，制定科学数据共享标准有助于保障其在传播过程中的质量得到有效的控制。涉及科学数据质量的相关政策要求包括数据索引、科学数据共享方式、开放获取权限说明、元数据共享等。

1. 数据索引方面

研究人员在共享项目数据时，需要提供索引信息；在引用他人的数据时，也同样需要注意标注索引信息。作为全球传染病防治研究合作组织（Global Research Collaboration for Infectious Disease Preparedness，GloPID-R）的成员，NHMRC 强调在公共卫生紧急情况下共享数据和相关元数据的重要性。使用二级数据的研究人员必须承认原始研究团队的贡献，并标注数据源的引用信息。NIH 要求研究人员提供用于注册和索引数据的信息，以确保他们产生的数据集是可发现和可被索引的[②]，并且 NIH 鼓励所有由其资助的

---

① European Commission. European Cloud Initiative—Building a Competitive Data and Knowledge Economy in Europe[EB/OL]. https://digital-strategy.ec.europa.eu/en/library/communication-european-cloud-initiative-building-competitive-data-and-knowledge-economy-europe[2021-03-09].

② National Institutes of Health. NIH Public Access Policy Overview[EB/OL]. https://sharing.nih.gov/public-access-policy/public-access-policy-overview#public-access-policy-details[2024-09-15].

临床试验进行注册。根据《2007 年食品和药品管理法修正案》（Food and Drug Administration Amendments Act of 2007，FDAAA）第八章的规定，"适用的临床试验"必须要分享数据，并规定这些试验需要在公众可访问的注册平台 ClinicalTrials.gov 上进行注册，该平台由 NIH 管理。

2. 科学数据共享方式方面

研究人员需注重科学数据共享的保密性，例如通过设置访问权限等措施来保护数据。剑桥大学建议个人在共享科学数据时，可以使用跟踪/签名邮寄或快递、加密文件传输或密码控制访问权限等方法[①]。加拿大社会科学和人文研究委员会、加拿大卫生研究院要求研究人员在共享数据时，评估数据的匿名性；进行保密性审查（存储库中的某个人审查）；遵守机构规定（如研究伦理委员会的规定）；遵守其他规定，如《健康保险流通与责任法案》（Health Insurance Portability and Accountability Act，HIPAA）；获得数据共享的知情同意；限制使用机密数据。

3. 开放获取权限说明方面

研究机构和高校强调需要明确科学数据开放获取的范围，并提出相应的激励措施以促进共享数据的共享。对于无法共享的数据，需要加以解释说明。剑桥大学在《数据共享与数据处理》中明确了科学数据共享的类型，包括：与第三方共享个人数据以实现共同目标；将个人数据传递给第三方供其个人使用；委托第三方代表大学处理、存储或以其他方式使用某些个人数据[②]。世界卫生组织在《关于在非突发公共卫生事件情况下使用和共享——世界卫生组织（世卫组织）收集的会员国数据的政策（暂行）》中指出，地方、国家和国际层面的数据生成者和管理员有责任解释在公共卫生紧急情况下选择不共享数据和结果的任何决定，并为每种应共享的数据创建和定制激

---

① University of Cambridge. Storing and Sharing Personal Data[EB/OL]. https://help. uis.cam.ac.uk/service/security/cyber-security-awareness/personal-data[2024-09-15].

② University of Cambridge. Data Sharing and Using Data Processors[EB/OL]. https:// www.information-compliance.admin.cam.ac.uk/data-protection/guidance/data-sharing[2024-09-15].

励共享措施[①]。《NHMRC 开放获取政策》指出，NHMRC 和澳大利亚研究委员会（Australian Research Council，ARC）的开放获取政策在很大程度上具有可比性。虽然 ARC 的开放获取政策适用于 ARC 资助的研究及其产生的元数据研究成果，但不包括科学数据和科学数据成果，而《NHMRC 开放获取政策》则适用于出版物、科学数据和专利。

4. 元数据共享方面

研究机构和高校强调，元数据需和论文一同发表并共享。NHMRC 要求研究人员在共享数据时，应确保数据集附带适当的元数据。这样做可以让科学数据用户充分了解数据内容、策展策略、研究假设、实验条件以及与数据解释相关的任何其他细节。NHMRC 鼓励研究人员在论文发表后尽快共享临床试验数据和相关元数据，前提是履行所有道德、监管和法律义务。为了使数据对其他研究人员有价值并能够进行适当的分析，还应共享分析技术、假设、软件和与临床试验相关的其他详细信息。

（二）探索数据共享技术与服务，全方位管理数据质量

技术保障是科学数据共享过程中质量管理的重要环节，各管理主体均需加强研究，以广泛获取及最佳开发利用数据所需要的基础设施和关键共性技术[②]。为支持有用的、通用的、可访问的工具和工作流程，NIH 将对工具开发的支持与对数据库和知识库的支持分开，以支持高级数据管理、分析和可视化工具的开发和传播。NIH 使用适当的资助机制、科学审查和管理流程来支持工具开发。建立了相关程序，允许私营部门的系统集成商/工程师改进和优化学术界开发的原型工具和算法，使其更加高效、经济，并广泛应用于生物医学研究中。采取一系列激励措施以促进数据科学和工具创新，如"代码马拉松"、创新挑战赛、公私伙伴关系等。提高专用工具的实用性、可用

---

① 世界卫生组织. 关于在非突发公共卫生事件情况下使用和共享——世界卫生组织（世卫组织）收集的会员国数据的政策（暂行）[EB/OL]. https://cdn.who.int/media/docs/default-source/publishing-policies/data-policy/who-policy-on-use-and-sharing-of-data-collected-in-member-states-outside-phe-zh.pdf?sfvrsn=713112d4_27[2017-08-22].

② 宋立荣，孟宪学，周国民. 我国农业科学数据共享中信息质量管理的措施与建议[J]. 中国农业科技导报，2009，11（6）：37-42.

性和可访问性，采用和适应新兴的和专门的方法、算法、工具、软件和工作流程。通过应用程序接口（application program interface，API）促进移动设备和数据接口工具更好地开发和采用，这些 API 经过认证的卫生信息技术集成，用于数据提取和分析支持。支持研究开发改进方法，使临床信息学家和其他科学家能够安全、合乎道德地使用经认证的电子健康记录和其他临床数据进行医学研究。促进社区发展并采用统一标准，用于数据索引、引用和跟踪数据来源的修改，以改进资源的发现和编目。

科学数据管理主体也在不断探索高质量的数据共享服务体系，以提供研究人员全面的数据质量管理支持。例如，斯坦福大学通过其数据科学资源平台，为研究人员提供创新临床和转化研究所需的工具、数据集、数据平台和方法。作为具体的实施部门，斯坦福大学医学院提供初步咨询服务，帮助研究人员确定所需的资源[①]。通过这些咨询小组，研究人员可以获取访问数据集、各种平台和工具的机会，以及包括数据库管理、研究设计和实施、生物统计学、信息学、技术集成等方面的专家建议。

第四节　科学数据质量管理的组织体系和人员培养

科学数据质量管理过程得以顺利实施的关键要素，是运行良好的科学数据质量管理组织体系和具备科学数据质量管理知识和能力的工作人员。组织体系建设，主要指科研机构、高校、政府等需管理数据的主体，在内部建立起合适的科学数据质量管理委员会、科学数据质量工作组、科学数据质量管理员，设置科学数据质量管理的组织构架、制度和运行机制。人员的发展与培养主要包括制订增强科学数据质量管理人员的知识和能力的教育和培训方案，以及加强科学数据质量管理相关的知识管理过程[②]。

---

① Stanford University School of Medicine. Helping Researchers Create Innovative Translational Research[EB/OL]. https://med.stanford.edu/sdsr.html[2023-05-24].

② 吴金红，陈勇跃，胡慕海. e-Science 环境下科学数据监管中的质量控制模型研究[J]. 情报学报，2016，35（3）：237-245.

一、构建科学数据质量管理体系

科学数据质量本身具有过程化的特征，因此，在管理科学数据质量时，需要关注科学数据生命周期的质量控制。在科学数据质量管理的各个阶段，不同的管理主体需要采取相应的管理措施。审视科学数据生命周期各个阶段的质量管理工作，一般而言，可以将科学数据质量管理主体划分为战略层、管理层和实践层（图 3.2）。

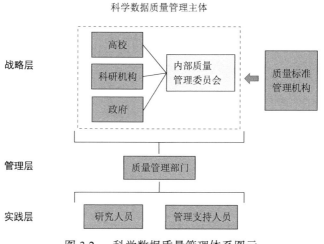

图 3.2　科学数据质量管理体系图示

（一）战略层

战略层涵盖高校、科研机构、政府等主导内部科学数据质量管理工作的领导型主体，同时也包括如质量标准管理机构等辅助行业内开展科学数据质量管理实践的支持型主体。

针对科学数据质量管理任务，领导型主体主要从战略视角出发，提出建设性的管理政策和要求。例如，NIH 和 NSF 提出的数据管理计划要求，法国科学院和剑桥大学对科学数据存储和共享的要求等。在战略层，科研机构和高校会设置内部质量管理委员会，监督组织内部的管理工作，并为相关工作献策。例如，英国环境、食品与农村事务部（Department for Environment，Food & Rural Affairs，Defra）成立了环境和农村事务部网络透明度小组，旨在提高 Defra 的数据质量和透明度。该小组的成员均为资深首席执行官或者首席营运官级别①。新南威尔士大学创建了数据治理委员会，并在数据治理指导委员会会议上引入了数据治理框架（data governance framework，DGF），重点关注人员、流程、技术和治理，以改进数据的监督、指导和质量，从而提升新南威尔士大学在科学数据质量管理方面的活动、业务流程和能力等。

支持型主体以领域内的质量标准和框架为目标，开展科学数据标准控制、科学数据存储认证工作等。例如，国际核酸序列数据库联盟发布了数据标准，这些标准涵盖的数据信息类别包括项目信息、样本信息、实验信息以及测序反应信息等②，旨在统一行业内的科学数据质量管理标准。

（二）管理层

在组织架构层面的战略性方向引导下，组织内部设置了相关质量管理部门或工作组。针对不同的科学数据应用场景，机构设置了具有不同职能的数据管理单元，以便有针对性地开展相关的管理活动，扩大数据管理的覆盖面，并深化纵向数据质量管理工作。以 CNRS 为例，旗下的开放研究数据部（Open Research Data Department，DDOR）③负责开放科学战略的制定与实施，并关注数字基础设施等质量相关问题；INIST 负责科学信息的获取与传播、分析工具的开发；开放科学交流中心（Centre pour la Communication Scientifique Directe，CCSD）则负责开放获取期刊出版物——在线超文本文章（Hyper Articles en Ligne，HAL）的建设工作。此外，CNRS 还在筹备一个新的数据研究部门，该部门主要负责数据开放程度的界定工作，并致力于实现从数据采集到数据共享、重用的全阶段管理④。美国国家生物技术信息

---

① Department for Environment Food & Rural Affairs. Defra Open Data Strategy [EB/OL]. https://assets.publishing.service.gov.uk/media/5a7cb855ed915d63cc65c706/pb14109-defra-open-data-strategy-131219.pdf[2013-10].

② BIG Data Center Members. The BIG Data Center: from deposition to integration to translation[J]. Nucleic Acids Research, 2017, 45(D1): D18-D24.

③ Centre national de la recherche scientifique. CNRS Research Data Plan[EB/OL]. https://www.science-ouverte.cnrs.fr/wp-content/uploads/2021/04/Cnrs_Research-Data-Plan_mars21.pdf[2020-11].

④ DDOR CNRS. Direction des Données ouvertes de la recherche[EB/OL]. https://www.science-ouverte.cnrs.fr/ddor-cnrs-direction-des-donnees-ouvertes-de-la-recherche/[2016-04-19].

中心（National Center for Biotechnology Information，NCBI）作为 NIH 下属的国家医学图书馆（National Library of Medicine，NLM）的一个分支，主要管理重要的生物医学资源，储存和分析分子生物学、生物化学、遗传学等领域的数据，并会在其官方网站上明确数据汇交、数据分析工作等管理工作[①]。

（三）实践层

实践层覆盖所有与数据直接关联的人员，负责实施科学数据质量管理的实际任务，具体包括与数据直接关联的研究人员、数据质量管理的支持人员等。具体所需人员类别则取决于数据体系，并根据组织架构层的建议来定。在科学数据生命周期的不同阶段，对应不同的数据管理措施，需要管理人员的角色或权利不同，对管理人员的专业要求则也有着不同程度的差别。例如，数据生产者遵循数据管理政策，对数据负责。正如牛津大学在其数据保护政策中指出的，牛津大学会确保处理数据的员工、学生了解他们在数据隐私立法下的个人职责。在雇佣合约中，会强调雇员需要注意数据隐私、数据质量等管理法规，以及牛津大学的数据管理政策等[②]。

二、关注科学数据质量管理人员的培养与发展

虽然目前科学数据管理的意识已普遍提高，但是专业化的科学数据质量管理方式和注意事项等内容还需要对研究主体进行阶段性的培养与培训。

（一）短期科学数据管理人员：完善基础培训课程

对于不涉及长期科学数据管理、分析、服务支持的研究人员而言，适当的管理职责和质量管理工具的使用方法培训等是必需的。考虑到有效管理、分析、存储、保存和管理科学数据所需的知识和技能的发展，与科学数据产生的科学技术学科相关的学生和专业人员的培训和教育是密不可分的，

---

① National Center for Biotechnology Information. About NCBI[EB/OL]. https://www.ncbi.nlm.nih.gov/home/about/[2024-09-15].

② University of Oxford. University Policy on Data Protection[EB/OL]. https://compliance.admin.ox.ac.uk/files/dataprotectionpolicyv12pdf[2024-09-16].

因此，与科学数据管理、保护、质量控制相关的课程培训已经成为高校的基础课程。剑桥大学要求教职员参加数据管理、保护相关的培训课程，要求其无论是通过大学内部的管理系统还是第三方的系统设备提交数据，都需遵循信息合规办公室的建议、方法和工具，以确保数据的合规提交；并在教学研究过程中，向学生提供相关的指导建议、工具/方法，使学生能够按照政策规定处理数据信息[①]。同时，《剑桥大学科学数据管理政策原则》[②]指出，PI 应在其研究小组内建立并明确科学数据管理职责，以确保整个项目及小组所有成员都能实施良好的数据管理流程。在合作项目中，主要研究人员必须共同商定如何管理和维护跨机构的数据质量。伦敦大学要求全体员工必须接受强制性的数据管理培训，且在员工条款中强调，若因未经授权访问、滥用或丢失数据而违反法律，员工可能会受到纪律处分，甚至被解雇[③]。

（二）长期科学数据管理人员：培养专业管理技能

对于需要长期管理科学数据的研究人员和专业人员，部分机构提出了更具针对性的培养计划，这些计划内容更具前瞻性和专业性。例如，培养他们使用相关的质量管理工具和分析工具等，并通过一定的鼓励措施支持数据管理人才的长远发展。美国 DOE 专门提出了数据人才的培训计划，为 DOE 国家实验室的本科生和研究生提供培训机会，特别是在数据密集型科学领域。DOE 通过与其他机构伙伴的合作，协调其劳动力发展和培训活动。具体而言，DOE 参与了多个跨机构工作组，包括国家科学技术委员会（National Science and Technology Council，NSTC）的科技委员会、STEM 教育委员会（Committee on STEM Education，CoSTEM）以及网络和信息技术研究与发展计划。此外，DOE 还通过能源部联邦咨询委员会与行业和公众

---

① University of Cambridge. Data Protection Policy[EB/OL]. https://www.information-compliance.admin.cam.ac.uk/files/data_protection_policy_final.pdf[2024-09-16].

② University of Cambridge. University of Cambridge Research Data Management Policy Framework[EB/OL]. https://www.data. cam.ac. uk/university-policy[2021-02-11].

③ University of London. University of London Data Protection Policy[EB/OL]. https://www.london.ac.uk/sites/default/files/governance/data-protection-policy.pdf[2024-09-16].

进行合作①。CNRS 要求数据支持人员（如数据服务人员、数据质量管理人员、数据工具开发人员等）必须掌握新的科学实践所需的知识和技能，了解并使用相关工具、服务和基础设施，并在过渡阶段协助同事。具体要求包括以下几个方面：首先，需要掌握在开放获取出版物平台（包括 HAL 和专题档案馆）上操作所需的技能和专业知识。其次，需要具备科学数据管理技能，并按照"尽可能开放，必要时尽可能保留"的原则，为数据的生产、使用/再利用及其传播提供支持服务。再次，需要遵循 FAIR 原则，协助研究人员制订科学数据管理计划，处理元数据和确保互操作性等任务，特别要提升数据工程、数据科学和数据管理方面的技能。最后，需要培养进行开放研究所需的学术技能，包括研究诚信、道德和法律知识，以及在学科领域内外工作的能力。

《澳大利亚负责任研究行为准则（2018）》中关于机构人才培养的要求指出，各机构有责任鼓励和支持负责任的研究行为，并向资助组织和澳大利亚社区负责其研究活动。为了培养负责任的研究行为，各机构应做到以下几点。

（1）建立并维持促进负责任研究行为的良好治理和管理实践。

（2）确定并遵守与开展研究相关的法律、法规、指导方针和政策。

（3）制订并维护一套政策和程序的通用性和可用性，确保机构的实践符合准则的原则和责任。

（4）提供持续的培训和教育，以促进和支持所有研究人员和其他相关人员的负责任的研究行为。

（5）确保研究人员的主管拥有适当的技能、资格和资源。

（6）确定并培训研究诚信顾问，他们协助促进和培养负责任的研究行为，并向那些可能违反准则的人提供建议。

（7）支持科研成果的负责任传播，并在必要时采取措施及时纠正错误记录。

---

① Department of Energy. Public Access Plan[EB/OL]. https://www.energy.gov/sites/prod/files/2014/08/f18/DOE_Public_Access%20Plan_FINAL.pdf [2014-07-24].

（8）为研究数据、记录和重要材料的安全存储和管理提供便利，并在可能和适当的情况下允许访问和参考。

（9）帮助预防和检测潜在的违规行为。

（10）建立接收关于潜在违反准则的问题或投诉的机制，并调查解决潜在的违规行为。

（11）确保管理和调查潜在违规问题的过程及时、有效，并保证程序公正。

（12）支持参与潜在违规行为调查的各方的福利。

（13）确保调查结果基于概率平衡，并确保采取的任何行动与违约的严重性相匹配[①]。

---

① NHMRC. Australian Code for the Responsible Conduct of Research 2018[EB/OL]. https://www.nhmrc.gov.au/about-us/publications/australian-code-responsible-conduct-research-2018[2025-02-28].

第四章
科学数据的分级分类管理

当前，无论是高校还是研究机构都致力于推动自由与开放的学术交流，其中科学数据的开放共享是这一交流的重要途径。但在某些情况下，科学数据的开放共享可能会对科学研究中的不同利益相关者产生负面影响。例如，在共享科学数据时，可能会暴露研究参与者的身份信息，从而对其个人安全与财产安全带来一定风险。又如，科学数据的不当共享还可能会对大学、研究机构及科研人员的财产或声誉造成损害。

出于保障数据安全和研究完整性之目的，对科学数据进行系统而全面的安全管理是必不可少的。对科学数据进行分级分类是科学数据安全管理的重要内容，意义重大。第一，对科学数据进行分级分类是实施合规监管的必然要求。首先，当科学数据涉及敏感信息时，其开放共享需要符合相关法律的规定。例如，在美国，敏感信息受到联邦法律［如 HIPAA 和《经济和临床健康信息技术法》（Health Information Technology for Economic and Clinical Health Act，HITECH）］的保护；在欧盟，受到《通用数据保护条例》（General Data Protection Regulation，GDPR）等及其成员国相关法律的保护；在中国，受到《中华人民共和国个人信息保护法》和《中华人民共和国数据安全法》的保护。其次，对于涉及外部数据提供者的研究项目，数据提供者通常要求大学或科研机构在访问数据前与其签署 DUA 等合同，这类合同会明确数据安全控制的具体要求；此外，研究资助机构也会对数据安全提出要求。第二，对科学数据进行分级分类有助于保护研究参与者的信息。一些科学数据是高度敏感性的，如受保护的健康信息（protected health information，PHI），包括与临床信息相关的姓名、地址、个人身份信息（personal identifiable information，PII）等，又如社会安全号码、信用卡号和个人财务数据等，此类数据的泄露可能会导致隐私侵犯和身份盗用等危害。第三，对科学数据进行分级分类是满足大学或研究机构安全政策的要求。很多大学制定了科学数据安全政策，要求控制或访问包括科学数据在内的电子信息资源的个人必须采取适当和必要的保护措施，使用适当的物理和逻辑安全手段来确保这些资源的保密性、完整性和可用性。

科学数据主要产生于大学与科研机构。对科技发达国家高校、科研机构的科学数据分级分类状况进行研究，有助于我们把握国外科学数据分级分类的趋势，并从中吸取经验。因此，本章主要对科技发达国家大学的科学数据分级分类状况进行研究。

第一节　科学数据分级分类的依据

科学数据安全属于信息安全的范畴，因此信息安全分级标准就成为很多大学制定科学数据安全政策的基本依据。例如，美国很多大学正是基于美国《信息安全分类标准》对科学数据安全进行分级分类的。由于该《信息安全分类标准》具有典型意义，因此，下文将对其进行详细阐述。

《信息安全分类标准》将信息的保密性、完整性和可用性受到破坏的潜在不利影响（即安全风险）分为低度、中度和高度三个等级。保密性、完整性和可用性构成了信息安全的三大目标。其中，保密性是指维护对信息访问和披露的授权限制，包括保护个人隐私和专有信息的手段；完整性是指防止不当的信息修改或破坏，包括确保信息的不可否认性和真实性；可用性是指确保及时和可靠地获取与使用信息。

一、低度潜在影响

如果保密性、完整性或可用性的损失预计对组织运作、组织资产或个人产生有限的不利影响，那么这个潜在影响（potential impact）就是低度的。所谓有限的不利影响（a limited adverse effect）是指数据保密性、完整性或可用性的损失可能导致以下情况：①任务执行能力下降，但组织仍能履行其主要职能，尽管效率明显降低（noticeably reduced）；②对组织资产造成轻微（minor）损害；③引发轻微的财务损失；④对个人造成轻微伤害。

二、中度潜在影响

如果保密性、完整性或可用性的损失预计对组织运作、组织资产或个人产生严重的不利影响，那么这个潜在影响就是中度的。所谓严重的不利影响（a serious adverse effect）是指数据保密性、完整性或可用性的损失可能导致以下情况：①任务执行能力显著下降，使得组织虽能履行其主要职能，但职能有效性显著降低（significantly reduced）；②造成组织资产的严重（significant）损害；③引发严重的财务损失；④对个人造成严重伤害，但未涉及生命丧失或严重（seriously）威胁生命。

三、高度潜在影响

如果保密性、完整性或可用性的丧失预计对组织运作、组织资产或个人产生重大或灾难性的不利影响，那么这个潜在影响就是高度的。所谓重大或灾难性不利影响（a severe or catastrophic adverse effect）是指数据保密性、完整性或可用性的损失可能导致以下情况：①任务执行能力急剧

（severe）下降或丧失，使组织无法履行其一项或多项主要职能；②造成组织资产的重大（major）损害；③引发重大的财务损失；④对个人造成重大损害（severe or catastrophic harm），包括丧失生命或严重威胁生命。

信息安全的每一个安全目标，均可能因为不同程度的损失而遭受相应程度的潜在影响，合计 9 种（表 4.1）。

表 4.1 每个安全目标不同潜在影响的界定[①]

安全目标	低度潜在影响	中度潜在影响	高度潜在影响
可用性	未经授权披露信息预计对组织运作、组织资产或者个人产生有限的不利影响	未经授权披露信息预计对组织运作、组织资产或者个人产生严重的不利影响	未经授权披露信息预计对组织运作、组织资产或者个人产生重大或灾难性的不利影响
完整性	未经授权修改或破坏信息预计对组织运作、组织资产或者个人产生有限的不利影响	未经授权修改或破坏信息预计对组织运作、组织资产或者个人产生严重的不利影响	未经授权修改或破坏信息预计对组织运作、组织资产或者个人产生重大或灾难性的不利影响
保密性	中断对信息或信息系统的访问或使用预计对组织运作、组织资产或者个人产生有限的不利影响	中断对信息或信息系统的访问或使用预计对组织运作、组织资产或者个人产生严重的不利影响	中断对信息或信息系统的访问或使用预计对组织运作、组织资产或者个人产生重大或灾难性的不利影响

第二节 国外大学对科学数据的分级分类

一、国外大学对科学数据进行分级分类的依据

一般来说，大学、科研机构会依据数据或信息资源的保密性、完整性或可用性的丧失对其造成的潜在不利影响对数据进行分级分类。而评估"不利影响"所要考虑的因素也是多维度的，主要涉及高校或者研究机构、个

---

① NIST. Standards for Security Categorization of Federal Information and Information Systems[EB/OL]. https://nvlpubs.nist.gov/nistpubs/FIPS/NIST.FIPS.199.pdf[2024-09-22].

人、法律法规等多个层面。以加利福尼亚大学伯克利分校为例，对于"不利影响"的考虑因素主要有：关键校园运营的损失，负面财务影响（包括资金损失、机会损失、数据价值），对机构声誉的损害，对个人造成伤害的风险（如个人信息泄露），采取监管或法律行动的可能性，要求纠正或恢复的规定，以及违反加利福尼亚大学体系或加利福尼亚大学伯克利分校的使命、政策或原则等[①]。

二、国外大学对科学数据进行分级分类的方式

虽然美国大学都是按照《信息安全分类标准》对包括科学数据在内的大学所有信息或者数据进行分类，但是具体分级方法不尽相同。有些大学实行三分法，与《信息安全分类标准》中的分级基本对应。有些大学的分级则更为细致，实行四分法或者五分法。

（一）三分法

在美国的众多大学中，耶鲁大学、MIT、罗切斯特大学等采取三分法对科学数据安全等级进行划分。这三所大学都将科学数据安全等级分为低风险、中风险及高风险三个类别，但是不同大学的同一个类别所包含的数据（信息）类型不尽相同。耶鲁大学与 MIT 都是将研究数据纳入一般数据或者信息中一同分类，而罗切斯特大学则对研究数据进行了专门的分类。

耶鲁大学根据信息技术系统的高、中、低三个风险等级对其进行分类保护，而风险等级又是基于数据类型、可用性要求以及外部义务[②]这三个要素进行划分的。在这三个要素中，耶鲁大学科学数据的分级分类（表 4.2）是确定其信息技术系统风险等级的重要依据[③]。

---

① UC Berkeley. Data and IT Resource Classification Standard[EB/OL]. https://security.berkeley.edu/data-classification-standard[2024-08-11].

② 外部义务是指相关法律规定（如 HIPAA 等）或者合同约定对耶鲁大学管理数据或信息技术系统所施加的约束。

③ Yale University. Data Classification Guideline (1604 GD. 01)[EB/OL]. https://cybersecurity.yale.edu/data-classification[2024-06-15].

表 4.2　耶鲁大学科学数据的分级分类

分类		低风险数据	中风险数据	高风险数据
数据范围		①耶鲁大学在其网站上向公众提供的信息； ②耶鲁大学指定为公开的政策和程序手册； ③工作职位信息； ④耶鲁大学的目录信息； ⑤没有被个人指定为"私人"的信息； ⑥公共领域的信息； ⑦公共可用的校园地图； ⑧研究数据（不包含受任何出版限制的数据，并由数据所有者自行决定）	①非公开的，大学拥有的不被视为高风险的研究数据； ②学生和申请人数据； ③就业申请和人事档案； ④非公开合同； ⑤内部备忘录和电子邮件、非公开报告、预算、计划和财务信息； ⑥有关耶鲁大学基础设施的工程、设计和运营信息	①可识别个人身份的患者和人体受试者信息； ②社会保险、驾照、州政府颁发的身份证、护照号码； ③信用卡和银行账号； ④根据美国法律出口受控制的信息； ⑤耶鲁大学捐赠者的机密信息； ⑥用于工资、税收、医疗保健和其他关键功能的数据库； ⑦动物研究方案和研究人员的信息； ⑧在线账户的用户名（如耶鲁大学 NetID）、电子邮件地址与密码、安全问题和答案组合

虽然 MIT 也采取三分法，但是对于每一个等级的定义和内容都与耶鲁大学不尽相同。根据 MIT 的分类，低风险信息是指公开信息以及 MIT 选择不披露但是披露也不会造成实质损害的信息，如专利申请、已发表的研究论文、课程目录、教职员工和学生的目录信息、职位招聘、校园地图等。中风险信息被定义为不打算在没有访问控制的情况下免费提供给公众或 MIT 社区的信息，其保密性、完整性或可用性的丧失可能会导致法律责任、声誉损害或其他潜在损害。这类信息包括 MIT 的身份识别信息，教职员工的职业申请、个人档案、福利、工资、出生日期、个人联系方式，MIT 的账号和预算，非公开合同，未发表的研究论文，建筑平面图等。高风险信息则受法律或监管要求的约束，需要对其进行适当的保护和处理，包括在发生违规情况时报告给相关人员和机构，其保密性、完整性或可用性的丧失，可能会对个人或 MIT 造成严重损害。这类信息包括个人信息（如姓名、社会安全号码、驾照、州政府颁发的身份证、金融账号），可以访问中风险和高风险数据的 MIT 认证信息，受《家庭教育权利和隐私法》（Family Educational Rights and privacy Act，FERPA）保护的学生信息，受 HIPAA/HITECH 保护的健康信息等[①]。

---

① Massachusetts Institute of Technology. Risk Classifications[EB/OL]. https://infoprotect.mit.edu/risk-classifications#quicktabs-data_risk_levels=2[2024-06-19].

比较而言，虽然耶鲁大学与 MIT 都将研究数据纳入一般数据或者信息中进行分类，但是具体做法仍有所不同。耶鲁大学规定不包含任何出版限制且可以由数据所有者自行决定的研究数据为低风险数据，非公开的、大学拥有的不被视为高风险的研究数据为中风险数据，而人类受试者信息、动物研究计划等属于高风险数据。MIT 则将已发表的研究论文列为低风险数据，将未发表的研究论文列入中风险数据。

罗切斯特大学根据不适当的访问、使用或处理数据给大学带来的风险对数据进行分类。罗切斯特大学的研究数据分类原则是在遵守法律和法规限制并遵循大学安全和隐私政策与标准的情况下，尽可能广泛地实现数据共享。依据这一原则，罗切斯特大学将研究数据分为三个等级。与耶鲁大学和MIT 不同的是，罗切斯特大学尽可能详尽地列举了每一个等级项下的研究数据类型（表 4.3）[①]。

表 4.3　罗切斯特大学研究数据的分级分类

分类	特征	范围
高风险数据	①法律或法规要求保护； ②为大学或其附属机构履行合规义务而需要保护； ③未经授权披露、访问、更改、丢失或破坏这些数据可能对大学或其附属机构的使命、资产、运营、财务或声誉产生重大影响，或可能对个人构成重大损害	①个人身份信息（包括社会安全号码）； ②受保护的健康信息； ③大学依据合同应当保护的数据； ④受出口管制法律监管或实行国家安全分类的数据；某些研究项目的原始数据
中风险数据	适合与大学其他人或大学以外的研究合作者共享，但不适合被公众所知或与公众共享	①初步的或未发表的研究数据； ②资助申请相关文件；通信和工资信息； ③根据资助[NIH、疾病控制与预防中心（Centers for Disease Control and Prevention, CDC）、NSF 等]产生的、尚未准备好公开发布的实验数据（不包含受监管的数据元素）等
低风险数据	①未经授权的披露、访问、更改、丢失或破坏该数据预计不会对大学及其附属机构的使命、资产、运营、财务或声誉产生任何影响，预计也不会对个人造成任何伤害； ②旨在公开披露的数据	①去识别化或非人类主体研究数据； ②已发布的研究数据； ③合同要求发布或已存储在可公开访问的存储库中的数据等

---

① University of Rochester. Data Security Classification Policy[EB/OL]. https://www.rochester.edu/policies/policy/data-security-classifications/[2024-06-11].

（二）四分法

美国哥伦比亚大学、佐治亚大学与加利福尼亚大学伯克利分校采取的都是四分法，但是它们对每一个等级的命名不一样。哥伦比亚大学将所有数据分为公开数据、内部数据、机密数据、敏感数据四个等级。针对研究数据，哥伦比亚大学主要在机密数据与敏感数据中进行了列举，其中未发表的研究数据属于机密数据，而人类健康信息数据属于敏感数据。哥伦比亚大学对研究数据的分级分类遵从一般数据分类政策的规定，但是针对敏感数据，哥伦比亚大学又制定了专门的规定①。佐治亚大学将所有数据分为公开数据、内部数据、敏感数据、受限数据四个等级。加利福尼亚大学伯克利分校则直接按照数据保护等级的代号对所有数据进行了分类，规定了 P1、P2、P3、P4 四个级别，分别对应从低到高四种数据。

加利福尼亚大学伯克利分校的官网还发布了详细的数据和信息技术资源分级分类标准②，这些标准可以作为建立每个保护等级安全标准的基础。该标准基于数据泄露或者不当使用可能造成的不良影响，将数据保护等级划分四个级别。由于该标准操作性很强，具有借鉴意义，下文予以阐述。

（1）P1 级。该等级数据泄露或者被不当使用所产生的不良影响最小（minimal），包括：公开的信息网站、课程列表、公共活动日程、营业时间、停车管理规定、新闻稿、已发表的研究成果等。

（2）P2 级。该等级数据泄露或者被不当使用所造成的不良影响较低（low），包括：仅在需要知情的情况下发布的信息，如未被列为 P1、P3 或 P4 级别的个人信息；不受合同、资助或其他协议条款和条件保护或限制的 P3/P4 信息；未被伦理审查委员会（Institutional Review Board，IRB）或校园隐私办公室认定为 P3 或 P4 的去身份化的人类受试者或患者信息（重新识别风险可忽略不计，且无触发通知的数据元素）；不包含 P3 或 P4 信息的常规电子邮件和业务记录；考试内容（问题和答案）；不包含 P3 或 P4

---

① Columbia University in the City of New York. Data Security[EB/OL]. https://research.columbia.edu/content/data-security[2024-12-02].

② UC Berkeley. Data and IT Resource Classification Standard[EB/OL]. https://security.berkeley.edu/data-classification-standard [2024-08-11].

信息的日历信息；不包含 P3 或 P4 信息的会议记录；使用公开数据进行的非公开研究；不受 FERPA 限制的教职员工和学生的公共目录信息；授权软件/软件许可证的密钥；图书馆付费订阅的电子资源等。

（3）P3 级。该等级数据泄露或者被不当使用造成的不良影响为中等（moderate），包括：500 条以上且本标准未另外分类的个人身份信息记录；欧洲 GDPR 或中国《个人信息保护法》中定义的个人信息，无论记录数量多少，不得包括 GDPR 中的"特殊类别"标识符；受 FERPA 保护的不包含 P4 信息的学生档案，且不包括 P2 的公共目录信息，以及不包含其他身份识别信息或 FERPA 保护信息的学生 ID 或学生电子邮件地址；安全摄像头记录、便携式视频系统记录，以及记录现金处理或支付卡处理区域的摄像机头记录；建筑物入口记录；跟踪个人移动或楼宇/房间位置的可识别个人位置数据；动物研究协议，以及与动物研究人员和动物研究委员会成员有关的数据；律师与当事人之间的保密信息；不包含 P4 数据元素且未被 IRB 或校园隐私办公室确定为高风险的可识别个人身份的人类受试者研究数据，包括可使用公开数据重新识别的人类基因组数据；低风险出口管制数据或技术；信息技术安全信息、例外申请和系统安全计划；不包含 P4 信息和 P2 公共目录信息的工作人员和学术人员的人事档案。

（4）P4 级。该等级数据泄露或者被不当使用所造成的不良影响为高（high），包括：在多个敏感系统之间造成广泛"共享命运"（shared-fate risk）风险的数据；法律要求在泄密情况下必须通知受影响当事人的数据（如政府签发的身份识别信息、金融账号、个人医疗信息、个人健康保险信息、用于身份验证目的的生物识别数据、网络账户登录信息等）；属于欧盟 GDPR "特殊类别"的识别信息；可用于访问 P4 信息或管理 P4 信息技术资源的密码、个人标识码（personal identification number，PIN）、口令或其他验证密码；联邦受控非机密信息（controlled unclassified information，CUI）；有关贷款（包括学生贷款）、联邦政府提供的学生资助以及任何其他需要偿还资助的个人身份信息；正式的财务、会计和薪资记录系统及权威来源系统；处理财务交易的系统，以及进行交易所需的账户代码、账号、PIN 等；包含 P4 数据元素的可识别个人身份的人类受试者研究数据，或被 IRB 或校园隐私办公室认定为高风险/P4 的数据；受 GDPR 或 HIPAA 监管的人类基因组数据（无论是否去标识化）；高风险出口管制数据；可单独识别的犯罪背景调查信息。

另外，新西兰奥克兰大学制定的研究数据分类标准，也将研究数据分为公开数据、内部数据、敏感数据和受限制数据四类，各类数据的定义描述和示例见表 4.4[①]。

表 4.4 奥克兰大学研究数据的分级分类

分类	描述	研究数据示例
公开数据	这些数据是公开的，对受众无限制； 向未经授权的一方披露这些数据，不可能对奥克兰大学的利益/声誉或任何自然人的隐私产生不利影响	已发表的研究数据
内部数据	这些数据的受众是有限的； 向未经授权的一方披露这些数据可能会妨碍奥克兰大学的有效运作，对自然人的隐私产生不利影响，或可能对奥克兰大学造成潜在的不利影响	计划在以后阶段发表的初步研究数据； 属于低风险的快速伦理审查的数据
敏感数据	这些数据的受众非常有限； 向未经授权的一方披露这些数据可能会对奥克兰大学的利益/声誉造成严重损害或危及任何自然人的安全	具有商业敏感性，包括在商业研究和咨询合同中被列为机密信息的数据； 是或可能是专利申请或其他知识产权保护申请的对象； 受新西兰政府出口管制制度的约束； 需要经过完整的人类伦理审批流程（不包括对低风险的快速伦理审查）； 须经动物伦理学审批程序的数据； 受制于新西兰商业、创新与就业部或其他资助者的双重用途/敏感技术风险评级
受限制数据	访问这些数据仅限于大学监护人（或提名人）批准的特定个人； 向未经授权的一方披露这些数据可能会对奥克兰大学造成严重损害，并对国家利益产生不利影响	作为敏感研究计划的一部分，大学持有的受限制的政府和/或商业数据

---

① ResearchHub. Research Data Classification Standard[EB/OL]. https://research-hub. auckland.ac.nz/managing-research-data/ethics-integrity-and-compliance/research-data-classification [2024-08-11].

（三）五分法

哈佛大学将研究数据安全级别（data security level，DSL）划分为五个等级，各个级别的定义和范围阐述如下[①]。

（1）DSL1。即公开可用且不受限制的数据，包括已发表的研究数据、公开可用的数据、不受限制的公开数据集。

（2）DSL2。即未发表的非敏感研究数据，无论是否可识别。在哈佛大学，正在进行的研究至少是 DSL2，直至发表。包括：未发布到开放获取数据库的去识别化数据；匿名调查数据（在线调查或线下调查，不收集标识符）；汇总的统计数据；去除身份识别的生物标本或基因组数据；接受者收到的编码数据（提供者不会向接受者发布识别信息）；可识别但不被视为敏感的研究数据；非敏感的问卷调查、访谈、干预措施；非敏感的 Mturk 或 SONA 数据[②]；非敏感的自我报告的健康史；人体测量数据、生物测量/生理学数据、磁共振成像（magnetic resonance imaging，MRI）数据和脑电图（electroencephalogram，EEG）数据（除非与敏感数据或诊断有关）；可用性数据；非敏感的音频或视频数据；用标识符记录但不捕捉敏感信息的私人观察（例如在教堂环境中的访谈）。

（3）DSL3。属于最低级别的敏感数据，包括一些受监管的数据，或可能损害主体（subject）财务状况、职业或经济前景、人际关系、可保险性、声誉或污名化的数据。具体范围包括：受 FERPA 保护的教育记录；雇佣记录、员工业绩数据；敏感的自我报告的健康史；当合并时变得敏感的变量组合；个人或家庭经济状况（调查或访谈记录）；关于有争议的、被羞辱的、令人尴尬的行为的数据收集（如不忠、离婚、种族主义态度）；不会引起刑事或民事责任的美国囚犯管理数据；有关美国犯罪行为的信息，如果被披露，可能会损害主体的声誉、人际关系或经济前景；其他关于美国犯罪行为的信息，如果被披露，不会使主体面临重大刑事处罚的风险（见

① Harvard University. Data Security Levels—Research Data Examples Quick Reference Guide[EB/OL]. https://privsec.harvard.edu/files/it-security/files/rdslexamples.pdf[2024-05-12].
② Mturk 数据是指通过众包平台 Amazon Mechanical Turk（https://www.mturk.com）收集的数据。SONA 数据是指基于面向服务的网络架构（service-oriented network architecture，SONA）进行收集和分析的数据。

DSL4）；根据合同义务与哈佛大学共享的数据集[如公司保密协议、数据使用协议、哈佛大学主管研究的副教务长办公室（Office of the Vice Provost for Research，OVPR）的其他合同]，在 DSL3 控制下，或普遍预期具有保密性或数据所有权；PI 应咨询研究合规部或总法律顾问办公室（Office of General Counsel，OGC）以获得指导的非美国犯罪数据；GDPR 规定未达到特别敏感级别的数据，包括种族或民族血统、政治观点、宗教或哲学信仰、工会会员资格、性生活状况或性取向等。

（4）DSL4。属于中等级别的敏感数据，即可能使主体面临重大刑事或民事责任风险的数据或根据法规需要采取更强安全措施的数据。具体范围包括：政府签发的身份识别信息（如社会安全号码、护照号码、驾驶执照、旅行签证、已知的旅行者编号）；可识别的金融账户信息（如银行账户、信用卡或借记卡号码）；受 HIPAA 监管的受保护的健康信息（包括 18 个标识符）/受 HIPAA 监管的有限数据集（即使不涉及人体研究）；如果被披露，可能使主体面临重大刑事处罚风险的信息（如暴力犯罪、盗窃和抢劫、凶杀、性侵犯、贩毒、欺诈和金融犯罪）；如果被披露，可能使主体面临来自政府或其他社会或政治团体的暴力报复的信息；可能导致额外刑事或民事责任的可识别美国囚犯数据；不属于 DSL5 的可识别个人身份的遗传信息；根据合同义务在 DSL4 控制下与哈佛大学分享的数据集；GDPR 规定达到特别敏感级别的数据，即生物识别、遗传或健康信息。

（5）DSL5。属于最高级别的数据，即可能使主体处于严重伤害风险中的数据或根据合同具有特殊安全措施要求的数据。具体包括：对国家安全有影响的数据；被归类为极其敏感的某些可识别个人身份的医疗记录和遗传信息；如果被披露会使主体的生命受到威胁的数据。

根据哈佛大学的数据管理政策，DSL3、DSL4 和 DSL5 三个级别的数据都属于敏感数据，其敏感程度依次递增。有关这三个级别的研究数据，数据管理计划都需要在哈佛大学数据安全申请网站上提交，以供学校信息安全审查官进行审查。

此外，澳大利亚新南威尔士大学的数据分类标准构成了一套评估数据敏感性的框架。该标准将包括研究数据在内的数据分为五个级别，反映了未经授权访问、使用或披露数据或泄露数据机密对组织利益和个人造成的不利

影响。这五个级别分别是高度敏感级（ highly sensitive ）、敏感级
（ sensitive ）、受限制级（ restricted ）、非官方级（ unofficial ）和公开级
（ public ）^①。

第三节　对国外大学科学数据
分级分类的比较分析

一、科学数据专门分级分类模式与一般数据分级分类模式

上文介绍了国外一些大学的科学数据分级分类。我们可以发现，许多大
学都制定了科学数据分级分类相关规定，但是分类方式不尽相同。一些大学
将科学数据纳入一般数据或信息中一同进行分类，本书称之为"一般数据分
级分类模式"。而另外一些大学则在一般数据分级分类规定之外，单独规定
了科学数据的分级分类方法，本书称之为"科学数据专门分级分类模式"。

实行一般数据分级分类模式的典型大学之一是耶鲁大学。耶鲁大学没
有对研究数据分级分类进行专门的规定，但是对于一般数据进行分级分类的
相关规定适用于研究数据（表 4.2）。根据耶鲁大学的《数据分类指南
（1604 GD.01）》^②，如果一类数据不具有中风险或高风险，并且耶鲁大学选
择或被要求向公众披露或者这类数据的保密性、完整性或可用性的丧失不会
对耶鲁大学的使命、安全、财务或声誉造成伤害，那么这类数据就被归类为
低风险。不受任何出版限制以及研究者享有自由裁量权的研究数据就属于这
一类。如果一类数据没有高风险，并且不向公众开放或者其保密性、完整性

---

① UNSW Sydney. Data Classification Standard[EB/OL]. https://www.unsw.edu.au/
content/dam/pdfs/governance/policy/2022-01-policies/datastandard.pdf[2024-12-10].

② Yale University. Data: Classification Guideline(1604 GD. 01)[EB/OL]. https://cyberse-
curity.yale.edu/data-classification#:~:text=Data%20classification%20is%20the%20 first%20
part%20of%20classifying,is%20required%20to%20disclose%20them%20to%20the%20public
[2024-12-02].

或可用性的丧失可能对耶鲁大学的使命、安全、财务或声誉造成有限的损害，那么这类数据则被归类为中风险。耶鲁大学将非公开的、大学拥有的不被视为高风险的研究数据都归类为中风险数据。在以下情况，耶鲁大学数据被归类为高风险：①这些数据可能被用于犯罪或其他不法目的，且耶鲁大学有义务根据法规或条例对其保密；②耶鲁大学有义务根据合同对其保密；③这些数据可识别个人身份，且通常只能与个人的家人、医生、律师或会计师共享；④这些数据对耶鲁大学履行其基本学术、医疗保健或业务职能之一的能力至关重要，且不能轻易用备份副本替代。可识别个人身份的患者和人体受试者信息、关于动物研究规程和研究人员的信息等研究数据都属于高风险数据。

实行科学数据专门分级分类模式的典型代表是罗切斯特大学、加利福尼亚大学伯克利分校和哈佛大学。它们不仅规定了研究数据分级分类的标准，还对研究数据进行专门的安全等级划分。其实，不论是科学数据专门分级分类模式还是一般数据分级分类模式，在大学研究数据分级分类实践中都很常见。但是将研究数据纳入一般数据进行分级分类可能达不到数据安全与数据流通之间平衡所要求的颗粒度。由耶鲁大学将不包括任何出版限制，并由数据所有者自行决定的研究数据列为低风险数据可知，低风险数据的一个最重要的特征即是公开性，研究者可以很好地进行识别。然而，对于中风险数据，耶鲁大学并没有一个清晰的规定或者列举，而是排除公开数据与高风险研究数据后，将其余的数据纳入中风险数据。那么在此情况下，识别高风险数据是关键。但是耶鲁大学对于高风险数据似乎也没有一个清晰的界限，只是规定了可识别个人身份的患者和人体受试者信息、动物研究方案和研究人员的信息的数据为高风险数据，这一列举较为笼统。在研究实践中，除了上述两类信息的列举之外，可能还存在资助机构以及数据提供方要求作为高风险数据对待的研究数据。

很多大学没有对研究数据进行专门的分级分类规定，这导致这些大学在研究数据的分级分类上划分比较笼统，对于研究人员而言不太具有可操作性。有些大学虽然将研究数据纳入一般数据进行分级分类，但是还专门规定了特定类别的研究数据类型，以及对于特定的研究数据需要注意的事项，如哥伦比亚大学规定了敏感数据政策以及人类受试者研究指南，这为研究人员提供了一个可操作的框架。专门针对研究数据的规定模式，相较于将研究数据与一般数据一同分级分类的模式更具有优越性。研究人员可以更准确地识别其所掌握的研究数据属于哪一类别，从而在保证研究数据安全的前提下决定是否共享这些研究数据。

二、不同分类方法的比较分析

国外大多数大学依据信息的保密性、完整性或可用性的丧失是否会对大学的安全、财务等造成伤害这一标准，将数据安全等级从低到高进行划分。值得一提的是，有些大学对数据等级进行了不同层面的划分，例如，佐治亚大学与加利福尼亚大学伯克利分校不仅对数据进行了防护等级的划分，还进行了可用性等级的划分。

虽然不同的大学有不同的划分方式，但是根据每个大学的划分依据、划分等级的不同及相关示例来看，各个不同的划分方式之间有大致的对应关系。如果将数据的等级由高到低进行排序，那么被划分到最低层次的数据一般都是公开数据，如大学在其网站上向公众提供的信息、已经发表的研究论文、大学课程目录、大学招聘信息、校园地图等。这一类信息已经被公开，因此它所面临的问题并不是如何对其进行保护，而是如何解决其未经授权而被使用的问题。对于风险等级高的数据，不管大学将其表述为敏感数据、高风险数据还是防护等级最高的数据等，我们都可以发现这些等级的数据一般包括两类：一是涉及较强保密性或敏感性的数据，如尚未发表的研究数据、具有保密信息的数据，以及涉及未成年人、风险参与者或文化敏感群体的信息、受法律规制的数据；二是涉及个人信息的数据，如人类受试者信息、健康信息等从人类群体搜集而来的数据等。

对科学数据进行分级分类的原因，除了确保科学数据安全之外，更重要的是促进科学数据的流通和共享。在分级分类的前提下，可以确定哪些类别的数据可以流通，或者即使数据被划定在同一个类别中，研究者依然可以根据相关的级别与数据列举决定其是否可以流通。因此，可操作性是考量科学数据分级分类的一个关键标准，也是比较三分法、四分法、五分法等不同分类方法优劣的重要考量点。

对比罗切斯特大学的三分法与加利福尼亚大学伯克利分校的四分法，可以发现这两所大学对于较高风险数据的列举，可以归纳为以下三个方面：一是法律规定的个人信息、敏感信息；二是资助机构的规定；三是数据使用协议。而低风险（最低等级）数据主要是去识别化或者公开的研究数据。罗切斯特大学对中风险数据划分的出发点是基于研究数据的流通和使用。但是，"适合与大学其他人或大学以外的研究合作者共享，但不适合被公众所知或与公众共享"这一界定其实是笼统的，无法为研究人员提供具有较高可操作性的标准。加利福尼亚大学伯克利分校划分的 P4 与 P3 等级，都是指风险等级较高的数据，并且所列举的都是受 DUA 管理的信息、个人可识别信息以及受法律约束的信息，只是在同一种类型中又再一次进行划分，并不是所有受到 DUA 管理的信息都是最高风险的，如果不要求研究人员在发生违规事件时通知研究对象，那么其安全等级就可以降低一级。个人可识别信息也包括可以单独识别的信息以及不能单独识别的信息，其中可以单独识别的信息的风险是最高的。如果未被划定为 P4 等级的可识别信息，则可以归入 P3 等级。不同的法律对于不同类型的数据也有不同的要求，例如，加利福尼亚大学伯克利分校将受 FERPA 保护的学生记录信息划入 P3 等级，同时，对于受 GDPR 或 HIPAA 约束的人类基因组数据等，该校不仅考虑了该类别信息泄露的影响，还考虑了不同法律规定的法律责任差异。

罗切斯特大学的三分法可能无法让研究人员清晰明了地对数据进行界定与划分，这在科学数据流通中造成了一定的阻碍。相比之下，加利福尼亚大学伯克利分校数据安全等级的划分更加合理，并且对于研究人员来说更具有可操作性。

哈佛大学将研究数据划分为五个安全等级，并且对于每一个级别的研究数据都做了详细的列举。相对于笼统地规定数据安全等级涵盖什么类型的数据，对每个安全等级进行清晰的定义和详细的举例，可以给科研人员提供更清楚的指引。这种划分和详细列举的方式相对于三分法来说，更有利于促进研究数据的流通，因为相关人员可以根据相应的数据等级与数据类型来确定哪些数据可以公开流通，哪些数据应当受到流通限制。

第五章
科学数据安全管理的责任体系

当下的科学研究已经进入"大数据+大科学=大发现"的数据驱动创新的新时代。然而，科学数据开放共享在产生巨大社会、经济效益的同时，也因为科学数据安全管理法律规范不完善、科研人员数据安全意识淡薄、发达国家成果发表平台的"虹吸效应"造成我国科学数据外流、国内科研机构数据安全管理制度不健全等原因，引发危害国家安全、侵犯知识产权、损害个人权益等安全风险。科研机构和科研人员对这些风险的担忧反过来会阻碍科学数据开放共享的广度和深度。因此，完善科学数据安全管理责任体系对于保障科学数据安全、促进科学数据开放共享是十分必要的。本书所称的科学数据安全管理责任体系是指公共管理机构、科研机构、科研人员等相关利益主体依据法律、法规、标准及内部规范等制度体系，协同承担科学数据安全管理责任的体系。本章将主要介绍科技发达国家的科学数据安全管理责任体系，以资借鉴。

第一节　政府科研主管部门的科学数据安全管理责任

各国政府的科技管理部门设置不尽相同，有的国家设立了专门的科技工作主管部门，我国就是一个典型的例子。1998 年，我国国家科学技术委员会更名为科学技术部，作为国务院主管国家科学技术工作的部门，并于2018 年、2023 年进行了两次重组。除科学技术部外，国家发展和改革委员会、工业和信息化部、国家卫生健康委员会等国务院其他组成部门对其职责范围的科技工作也负有管理职能。有的国家虽然没有专门的科技工作主管部门，但是设立了其他部门或者机构对各自职责范围的科技工作进行管理，典型的例子是美国。美国联邦政府设立了总统科技顾问委员会（The President's Council of Advisors on Science and Technology，PCAST）、OSTP 和国家科学技术委员会作为国家的科技咨询机构。此外，DOE、国防部（Department of Defense，DOD）、健康与人类服务部（Department of Health and Human Services，HHS）、NASA、国家核安全管理局（National Nuclear Safety Administration，NNSA）等政府部门或者机构都有对其各自职责范围内的科技工作进行管理的职能。英国的情况则比较特殊。1964 年，英国将教育部改组为教育与科学部（Department of Education and Science），2023 年又将商业、能源和工业战略部（Department for Business，Energy and Industrial Strategy）拆分为三个政府部门，即商业和贸易部（Department for Business and Trade，DBT）、能源安全和零排放部（Department for Energy Security and Net Zero，DESNZ）以及科学、创新和技术部（Department for Science，Innovation and Technology，DSIT）。其中，DSIT 就是英国当前主管科技工作的专门部门。

从相关国家的情况看，不论是专门的政府科技工作主管部门，还是其他相关的政府部门，对其职责范围的科学数据（也称研究数据）都负有监管职责，应当提供相应的部门规章、标准、指南、政策等管理工具，推动本部门科学数据的安全管理。下文以 DOE 为例介绍美国的科学数据安全管理实践。

2023 年 6 月，美国 DOE 发布了确保自由、迅捷、公平获取 DOE（包括国家核安全局）科学研究成果的《公开获取计划》。该文件系 DOE 为响应 OSTP 2022 年 8 月 25 日关于《确保自由、迅捷和公平地获取联邦政府资助的研究成果》的备忘录和 OSTP 2013 年 2 月 22 日发布的《促进获取联邦自主科学研究成果》的备忘录而制定的。该计划由 DOE 科学办公室和科学与技术信息办公室（Office of Scientific and Technical Information，OSTI）征求 DOE 各部门的意见而制定，取代了 DOE 2014 年 7 月发布的《公开获取计划》。该计划阐明了 DOE 实施 OSTP 上述备忘录的方法。通过该计划拟定的政策和体系，由 DOE 直接资助的研究成果所产生的学术出版物、数据集和相关元数据，将可随时、即时地向公众开放。这将为增加创新、商业机会和加速科学突破创造条件，同时最大限度地、公平地提供联邦资助的研究成果，并确保通过透明的程序维持科学研究的完整性。确保自由、迅捷和公平地获取 DOE 资助的研究成果，将有助于实现 DOE 的使命，即通过变革性的科学和技术解决方案来应对能源、环境和核挑战，从而确保美国的安全与繁荣[①]。

DOE 在《公开获取计划》"数字格式科学数据的公开获取"[②]部分申明了支持实现其使命和 OSTP 备忘录目标的数字科研数据的三项管理原则。其中第三个原则是，数据管理计划应最大限度地对科学数据进行适当的（appropriate）共享，同时在数据长期保存和获取的相对价值与相关成本及行政负担之间实现平衡。所谓的"适当的共享"之"适当的"一词的含义是，应当在保护保密性、隐私、商业机密信息和安全，避免对知识产权、创新、项目及其运作改进以及美国竞争力产生负面影响，并在数据长期保存和

① Department of Energy. Public Access Plan[EB/OL]. https://www.energy.gov/sites/default/files/2023-07/DOE%20Public%20Access%20Plan%202023%20-%20Final.pdf [2023-06].

② 在美国 DOE 关于公开获取的政策文件中，数字格式科学数据（scientific data in digital formats）、数字科研数据（digital scientific research data）、数字研究数据（digital research data）这三个概念是通用的。

获取的相对价值与相关成本和行政负担之间实现平衡的前提下，最大限度地扩大公众对联邦政府资助的研究成果和数据的获取[①]。

除了在《公开获取计划》这种一般性文件中对保护科学数据的保密性、隐私、商业机密信息和安全提出原则性要求外，DOE 还制定了一系列政策、指南等作为实施《公开获取计划》的工具。其中，《能源部研究数据管理政策》适用于全部或部分由 DOE 联邦雇员、国家实验室和其他管理与运营（management and operations，M&O）承包商的雇员、财政资助获得者、其他受资助者和其他承包商实体产生的非保密和其他不受限制的数字研究数据，除非法律、法规、协议条款和条件或政策另有规定。在该政策中，DOE 申明了数字研究数据管理的原则，明确了 DOE 研究资助办公室、DOE 研究项目招标的投标人、DOE 研究资助获得者等角色的研究数据管理义务，规定了数据管理计划的要求。该政策在安全管理方面的要求是，数据管理计划须保护数据保密性、个人隐私、个人身份信息以及美国国家、国土和经济安全；承认专有利益、商业机密信息和知识产权；避免对创新和美国竞争力产生重大负面影响；以及在其他方面符合所有适用的法律、法规、协议条款和条件，以及 DOE 的命令和政策[②]。此外，DOE 还制定了《能源部数字研究数据管理政策：数据管理计划要素建议》。该政策所建议的数据管理计划要素包括数据类型和来源、内容和格式、数据分享和保存、保护、基本原理等[③]。

DOE 致力于保护所有由 DOE 资助、在 DOE 机构进行或由 DOE 员工或其承包商进行的研究中的人类研究参与者。DOE 恪守《纽伦堡法典》和《贝尔蒙特报告》的伦理原则，并遵守联邦和 DOE 对开展以人为对象的研究的具体要求，以及部分此类研究的外部资助者提出的任何额外要求。为实

---

① Department of Energy. Public Access Plan[EB/OL]. https://www.energy.gov/sites/default/files/2023-07/DOE%20Public%20Access%20Plan%202023%20-%20Final.pdf[2023-06].

② Department of Energy. DOE Requirements and Guidance for Digital Research Data Management[EB/OL]. https://www.energy.gov/datamanagement/doe-requirements-and-guidance-digital-research-data-management[2024-11-03].

③ Department of Energy. DOE Policy for Digital Research Data Management: Suggested Elements for a Data Management Plan[EB/OL]. https://www.energy.gov/datamanagement/doe-policy-digital-research-data-management-suggested-elements-data-management-plan[2024-12-03].

现这一目的，DOE 发起了 DOE/NNSA 人体受试者保护计划（Human Subject Protection Program，HSPP），该计划由 DOE 负责生物与环境科学研究的副主任负责监管，该副主任也是 DOE 主管人体受试者研究的伦理官员（institutional official）。该计划由 DOE 与 DOE 中半自治的 NNSA 合作进行管理。DOE 和 NNSA 各有一名 HSPP 经理，其在职能上向 DOE 伦理官员报告。HSPP 经理与 DOE 总部以及资助和开展人体研究的特定领域的组织进行密切合作[①]。

从 DOE 的上述科学数据管理政策文件中可以看出，其为在能源领域实施 OSTP 于 2022 年 8 月 25 日发布的《确保自由、迅捷和公平地获取联邦政府资助的研究成果》备忘录，制定了一系列在保障科学数据安全的前提下，促进联邦资助研究成果开放获取的制度。可以说，DOE 在能源相关领域很好地履行了科学数据安全管理制度供给的职责。

第二节　科研项目资助机构的科学数据安全管理责任

科研项目资助机构（以下简称"资助机构"）为科学技术研究提供了重要的资金支持，通过资助科研组织、科研人员或者科研项目，推动科学技术的发展。其资助的项目往往代表了特定领域发展的较高水平和方向。资助机构以往主要关注期刊论文、会议论文等正规出版物的开放获取。然而，近年来，科学研究的重心越来越倾向于数据，数据驱动的科研特征日益显著。为保证科学研究的完整性，资助机构开始促进作为科研产出重要组成部分的科学数据的共享与开放获取，并制定数据管理与共享政策。在促进科学发展的政策制定、管理规范、奖惩评价和基础设施建设等方面，资助机构发挥着至关重要的作用。有学者评价资助机构是促进科学不断走向开放的关键推动

---

① Department of Energy. About DOE/NNSA Human Subjects Protection Program [EB/OL]. https://science.osti.gov/ber/human-subjects/About[2024-11-04].

者①。下文将结合美国、英国等国家的资助机构实践，阐述其在科学数据安全管理方面的责任。

一、明确数据管理计划的制定要求

西方发达国家的资助机构普遍要求项目申请人提供数据管理计划。例如，美国 NIH 于 2020 年 10 月 29 日发布、2023 年 1 月 25 日生效的《NIH 数据管理与共享的最终政策》，旨在促进由 NIH 资助或开展的研究产生的科学数据的管理与共享②。该政策规定了提交数据管理和共享计划③以及遵守 NIH 各研究所、中心或办公室批准的计划的要求，鼓励符合 FAIR 原则的数据管理和数据共享实践，并确立了最大限度地适当共享由 NIH 资助或开展的研究产生的科学数据的预期，但有合理的限制或例外。NIH 数据管理与共享政策强化了 NIH 的长期承诺，即通过切实有效的数据管理和数据共享实践，向公众提供 NIH 资助的研究成果和产出。数据共享使研究人员能够严格检验研究结果的有效性，通过合并数据集加强分析，重复使用难以生成的数据，并探索发现的新领域。此外，NIH 还强调了良好数据管理实践的重要性，这为有效的数据共享奠定了基础，并提高了研究结果的可重复性和可靠性。《NIH 数据管理与共享的最终政策》要求研究人员通过提交数据管理和共享计划，对如何保存和共享科学数据进行前瞻性规划。在研究项目获得 NIH 立项批准后，NIH 希望研究人员和研究机构按照计划实施数据管理和共享。

英国 ESRC 对数据管理计划也有类似的要求。根据《ESRC 研究数据政策》④，数据管理计划的内容包括：项目的数据来源；分析现在可能利用的数据与研究项目所需求的数据存在的差距；研究项目将产生的数据的

① 赵昆华，刘细文，龙艺璇，等. 从开放获取到开放科学：科研资助机构的理念与实践[J]. 中国科学基金，2021，35（5）：844-854.

② NIH. Final NIH Policy for Data Management and Sharing[EB/OL]. https://grants.nih.gov/grants/guide/notice-files/NOT-OD-21-013.html[2020-10-29].

③ 从内容上看，数据管理计划与数据管理和共享计划（data management and sharing plan）没有实质性区别。

④ Economic and Social Research Council. ESRC Research Data Policy[EB/OL]. https://www.ukri.org/publications/esrc-research-data-policy/[2018-05-25].

相关信息，即数据量、数据类型（质化数据或量化数据）、数据质量、数据格式、数据标准、元数据标准、数据收集方法等；数据质量保证及数据备份计划；数据共享所预期的困难及应采取的措施；数据保密性与数据使用伦理；数据版权；研究项目小组成员数据管理职责；等等。ESRC 的医学研究委员会还为研究项目申请者制定数据管理计划提供指导，并提供数据管理计划的模板[①]。

二、监督科学数据管理政策的执行情况

英国 ESRC 作为资助机构，还对其数据管理政策的执行情况进行监督，特别是在研究项目立项和结题的阶段，要对其数据管理政策的实施情况进行评估。与管理规范标准配套适用的是奖惩制度，资助机构可以通过制定明确清晰的奖惩制度，针对未达到管理规范标准的行为，给予研究人员负面评价或者停止资金拨付的惩罚措施，而针对值得奖励的数据管理行为，则采取给予科研人员更多的资金投入或者增加研究人员劳务报酬等奖励方式[②]。例如，ESRC 规定，如果研究人员在项目结题后的 3 个月内未将数据进行存档，ESRC 将终止其最终项目经费的拨付。

三、为科学数据管理提供指导与服务

与科研人员相比，资助机构在科研数据管理与共享方面具备较为丰富的专业知识与经验，所以科研人员在制定数据管理政策时，资助机构应当为科研人员提供数据监管的指导，以防出现不必要的安全风险。不同的资助机构提供的指导与服务的水平和内容虽然不尽相同，但是大都包括及时和科研人员沟通交流，提供与他们资助的科研项目相匹配的指导，帮助科研人员制

---

① Medical Research Committee. MRC Policy and Guidance on Sharing of Research Data from Population and Patient Studies[EB/OL]. https://epi-meta.mrc-epid.cam.ac.uk/downloads/MRCpolicyguidanceDataSharingPopPatientStudies_01-00.pdf[2024-11-17].

② 陈大庆. 英国科研资助机构的数据管理与共享政策调查及启示[J]. 图书情报工作，2013，57（8）：5-11.

订适当的数据管理计划。例如，根据美国联邦法律的规定，NIH 资助的研究人员必须在论文发表时，向 PubMed Central（PMC）提交经同行评审的最终稿件的电子版。为了帮助科研人员遵守这一规定，美国 NIH 还提供了包括科学数据管理教育和其他资源的工具包[①]。

第三节　科学数据中心的科学数据安全管理责任

为了促进科学数据资源共享，提高科学研究的服务保障水平，加强科学数据管理，一些西方科技发达国家建立了一大批科学数据中心，如美国国家空间科学数据中心（National Space Science Data Center）、英国数字保存中心（Digital Curation Centre）、澳大利亚国家数据服务（Australian National Data Service）等。科学数据中心是促进科学数据开放共享的重要载体。在我国，科学数据中心一般由科技工作主管部门委托有条件的法人单位建立，主要工作内容包括：承担相关领域科学数据的整合汇交工作；负责科学数据的分级分类、加工整理和分析挖掘；保障科学数据安全，依法依规推动科学数据开放共享；加强国内外科学数据方面的交流与合作。科学数据中心在优化国家科技资源共享服务平台、完善科技资源共享服务体系以及推动科技资源向社会开放共享方面会发挥着重要作用，是国家科技创新发展的战略选择。科学数据中心作为科学数据汇集的场所，在保障科学数据安全的前提下加强科学数据的开放共享，是其应尽的职责。下文将阐述科学数据中心的科学数据安全管理责任。

一、明确科学数据汇集整理的规范标准

科学数据中心和图书馆较为类似，像一个网络数据库，汇集本领域内的科

---

① NIH. Learning Resources for Public Access Policy[EB/OL]. https://sharing.nih.gov/public-access-policy/resources/learning[2024-11-06].

学数据。科学数据中心也有层级区分，层级越高，汇集整理的科学数据就越多。科学数据中心对科学数据的汇集整理严格有序、按照规范进行，不仅为科学数据创造良好的创新应用系统，还在技术层面采用识别码、访问码等现代技术，保障科学数据的安全性。除了按照规范标准进行汇集整理之外，科学数据中心还可以对科学数据进行分级分类。分类分级是实现数据安全的基石，是科学数据中心有序管理各项资源的基础，分类分级管理极大程度地平衡了数据安全与数据开放之间的关系。科学数据中心根据自身研究领域的特点，制定明确而完善的数据和用户分级分类体系，降低科学数据开放共享的安全风险。

二、规范科学数据开放共享的安全制度

科学数据共享能够提升数据的使用价值，对科学技术的创新发展具有促进作用。科学数据开放共享带来的不仅仅是新的技术、新的发展机遇，通常也带来安全风险问题。因此，科学数据中心需要建立规范科学数据开放共享的安全制度。首先，科学数据中心可以采用进一步分析或者重用的形式提供数据，通过技术手段，将数据更改为机器可读的格式编码，使用现有的开放格式标准，充分记录数据，尽量对元数据的质量控制过程和结果进行描述，这一做法有利于实现科学数据中心对科学数据的保护与控制。其次，根据数据的分级分类，将科学数据中心访问用户划分为不同类型，如普通用户、个人认证用户和单位认证用户三种类型，并且规定各类型用户可浏览、检索、收藏和下载指定的科学数据和产品的范围以及单日科学数据下载次数。最后，签订科学数据共享与使用协议。科学数据往往凝结着科研人员大量的心血和精力，这也是科研人员对其创造的科学数据拥有知识产权的原因之一。因此，通过签订科学数据共享与使用协议，设置用户访问权限，可以保障科研人员、科学数据中心的权益，并为不同类型的用户设定不同的共享与使用许可条件，降低科学数据的安全风险。

三、设计科学数据中心后台的管理业务

科学数据中心的后台管理和运营需由专业技术人员负责，包括以下服

务：权限管理、信息发布管理、订单审核和平台动态管理。其中最重要的是权限管理服务，它决定了用户是否有访问权限，这对后续的数据共享和使用至关重要。权限管理主要有两个方面：一是角色管理，涉及用户角色的新增、修改和删除；二是用户操作权限管理，包括访问权限的设置、访问方式和访问后对数据的操作权限。科学数据共享不仅仅是简单的"复制"过程，它需要在需求牵引、技术推动的背景下，发挥其关键作用。科学数据服务于科技创新，在整个科学研究环境中形成一个闭环，与科研论文类似，下载和共享通过后台监控并记录次数，这些数据可以作为评价科学数据影响力的参考指标。此外，对于科学数据中心管理人员的操作行为，同样需要设置相应的管理标准，因为数据的上传、修改、删除和审核，都需要管理人员进行操作。

第四节　科研组织的科学数据安全管理责任

　　科研组织是根据科学技术发展的特点，把人力、资金和设备科学地结合在一起，建立科学研究的最佳结构。因此，科研组织是科学数据的生产地，在如何搭建科学数据安全管理架构方面，科研组织必须要广泛探索、认真考虑。科学数据安全管理是一项复杂的任务，仅仅依靠个人或者单一的部门难以完成，需要多个团队和部门的相互配合。科研组织自上而下的各个层级对科学数据安全管理的目标达成共识，通过采取合理和适当的措施，确保其数据资产的安全性。科学数据既是科学研究的成果，也是科学研究的基础，科研组织不能成为科学数据的"孤岛"，要与其他科研组织加强沟通，合作交流，促进科学数据的开放共享。此外，科研组织内部也要互联互通，确保数据生命周期的每一个阶段都有迹可循。科研组织作为一个连接点，通过一个个连接点的串联，以实现科研组织成员之间、科研组织之间和不同学科之间的良性交流与碰撞。

　　科研组织内部的科学数据安全管理职责分工，是对科研内部相关主体角色赋予相应的责任和义务。科学研究提倡科研精神自由，鼓励学术思想开放，促进科研人员合作，倡导学术资源共享，政策、权限、资金、技术等构成了其外在边界，隐私、安全、保护则是其内在边界。所以，在数据安全管理的大背景之下，科研组织在进行科学数据安全管理的职责分工时，需要明确各个主体在科研数据生命周期中所处的环节，合理分配各角色的职责并确保其承担相应的义务。角色与职责是科学数据安全管理的核心，在明确了角色与职责之后，随着数据管理过程的不断推进，科学数据管理的速度和质量都能得到稳步提升。

哈佛大学在科学数据安全管理的内部角色分工及其职责方面制定了完善的制度。《哈佛大学信息安全政策》本来有效地满足了保护大学各行政部门所保存的机密和敏感信息的需要，但是在研究环境下，产生了特殊的信息安全风险和挑战。为应对这些风险和挑战，需要额外的政策规定和保护措施进行监管和施加合理限制。为此，2020年2月15日生效的《哈佛大学研究数据安全政策》（Harvard Research Data Security Policy，HRDSP）[①]在遵循《哈佛大学信息安全政策》的同时，还为研究数据的管理提供了具体指导。HRDSP 指出，妥善保护研究数据是一项基本责任，其基础在于坚守管护、诚信以及对数据提供者和来源的承诺等原则。HRDSP 特别注重保护那些因适用法律和法规、数据获取和使用协议、知识产权保护和大学政策而需要保密的研究数据。HRDSP 强调，为了适当有效地保护研究数据，大学的研究人员、信息安全审查员、IRB、谈判办公室和研究管理人员必须了解并履行与数据隐私和安全相关的责任。哈佛大学数据分类表中描述的 DSL 和相应的要求反映了这样一个基本原则，即随着研究数据相关风险的增加，必须实施更严格的安全要求。根据美国联邦和各州的法律法规以及哈佛大学的政策与最佳实践规定，哈佛大学及其研究人员都有责任保护研究数据和信息的保密性、完整性和安全性。下文将具体介绍 HRDSP 关于科学数据安全管理角色分工及其职责的规定。

---

① Harvard University. Harvard Research Data Security Policy[EB/OL]. https://files. vpr.harvard.edu/files/vpr-documents/files/hrdsp_10_14_14_final_edits.pdf[2024-10-19].

一、研究人员的职责

（一）管理研究数据

哈佛大学的研究人员有责任按照大学政策的要求，在哈佛研究管理与合规系统（Harvard Administration and Compliance System）中创建和维护准确的数据文件，并遵守经批准的数据安全和管理计划。具体职责包括：①实施与 DSL 要求相对应的安全控制措施（如访问管理和数据销毁要求）；②确保对敏感数据、根据 DUA 或项目资助进行交换获取的数据，以及受外国、联邦或州法规，如 FERPA、《联邦信息安全管理法》（The Federal Information Security Management Act，FISMA）、GDPR 等管辖或知识产权保护的数据进行必要的审查，并在资助申请中记录任何相关的参考编号；③在项目的整个过程中，制订并遵守经批准的数据安全计划和相关程序；④完成规定的研究数据安全培训；⑤将任何与研究数据有关的事件报告给指定的信息安全审查员（information security reviewer）。

（二）通过安全评估

哈佛大学研究人员有责任向大学 IRB 和信息安全审查员申请安全评估，向信息安全审查员提供所有相关证明材料，并在哈佛研究管理与合规系统中记录信息安全审查员的决定。具体包括：①对于包含人体研究内容的项目，研究人员需要在 IRB 的电子申请跟踪和报告（electronic submission tracking and reporting，ESTR）系统中接受 IRB 的审查。在审查过程中，IRB 将确定数据的敏感性。②如果数据被确定为敏感数据，那么研究人员将在研究安全申请表（research safety application）中创建相应的记录，并向信息安全审查员提出安全审查请求并等待其做出决定，同时在相应应用程序中记录提交的任何相关参考编号。③对于非人类主体研究，研究人员负责根据哈佛大学的政策和相应的隐私安全考量因素，对 DSL 进行评估和决定。

（三）通过 DUA 审查

当需要与第三方签订 DUA 时，哈佛大学的研究人员应通过协议申请表

（agreements application）提交 DUA 申请，并提供所需要的协助。具体包括：①确保符合数据保护要求，并确保所有可以访问数据的个人都接受过有关 DUA 要求以及与安全和访问相关的政策和程序的适当培训；②对于根据 DUA 接收的每个数据集，在研究安全申请表中创建相应的记录，并在该申请中记录提交的任何相关的参考编号。

（四）遵守合规要求

哈佛大学的研究人员负责在哈佛研究管理与合规系统中提交与其数据相关的审查请求和项目更新动态。根据活动的不同，审查请求的提交可以在电子申请跟踪和报告申请表、协议申请表和/或研究安全申请表中进行管理。具体包括：①强调任何已知的保密和数据安全义务，以及相关数据管理计划的信息；②管理修改并及时响应审查和更新请求，以确保与数据相关的记录是最新的；③在适用的申请表中，记载相关记录的任何相关参考编号；④在研究安全申请表中提供最新、准确的数据管理信息，包括内容、位置和批准人员，并在必要时更新这些信息。

二、信息安全审查员的职责

（一）实施安全评估

哈佛大学信息安全审查员负责确定敏感数据的 DSL，并向研究人员提供有关方法，以使数据安全计划符合特定 DSL 的要求，并最终确定研究人员实施的数据安全控制是否符合哈佛大学的政策和任何相关的 DUA、合同等。具体包括：①在项目层面或每个数据集上确定研究数据所应适用的 DSL；②对于确定为敏感的项目，以及根据 DSL 或研究资助要求接收或交换的数据，在研究安全申请表中记录对研究人员的预期安全控制和 DSL 的批准情况；③为研究人员的非人类主体研究和非敏感数据的 DSL 审查和评估提供支持；④如果 DSL 规定的某些控制措施并不可行，则与研究人员合作申请和批准任何补充性控制措施或其他控制措施，以对特定 DSL 的数据进行管理；⑤为研究安全申请表中的每个申请指定审查到期日，以确保定期更新。

（二）审查 DUA

信息安全审查员负责审查和批准与 DUA 相关的数据安全计划，以及包含安全要求的 DUA 条款，这些安全要求可能超出指定的 DSL 的范围或需要他们的专业知识。如果要求进行数据安全辅助审查，信息安全审查员还需要审查相关问题，并将审查完成情况记录在研究安全申请表或协议申请表中。

（三）确保遵守数据安全计划

信息安全审查员负责审查研究人员在研究安全申请表中提交的申请和更新，并确保实施适当的更新流程。具体包括：①与研究人员确认其请求与哈佛研究管理与合规系统中记录的信息（如 DUA 到期日期、所需培训、合作者）一致，并遵守哈佛大学的相关要求；②在适当的情况下，确认研究数据的销毁；③在必要时，限制对数据和/或大学资源的访问，或在未充分回应审查相关询问或记录更新的情况下，或发现未遵守哈佛大学相关政策规定的责任或要求时，采取其他适当的补救措施。

（四）开展培训和教育

信息安全审查员负责根据哈佛大学的政策，制定和传播与研究数据相关的信息安全指导。具体包括：①对大学人员进行信息安全方面的教育和培训；②传播哈佛大学有关信息安全的政策；③将大学政策转化为技术要求、标准和程序，供研究人员使用。

（五）开展信息安全监督

信息安全审查员在审查流程和任何后续行动中，负责向相关研究监督机构报告不符合行政审批和机构政策的问题，以便进行进一步的审查。

三、伦理审查委员会的职责

（一）实施数据敏感性评估

哈佛大学 IRB 负责评估与人类受试者研究及其权限范围内其他研究相

关的数据隐私风险，并确定在该研究中开发、收集、接收或以其他方式使用的数据的敏感性。具体包括：①根据适用的法规和政策（如可识别的个人级别数据、某些大规模基因组数据），对其权限范围内的人类受试者数据和其他数据进行敏感性审查和评估；②按项目或按研究数据类别逐一建立确定数据敏感性的程序（如工作表、标准操作程序）；③对于敏感数据，确保信息安全审查员已启动与项目有关的任何必要审查；④强调研究人员需要确保数据交换符合 DUA 政策和指南以及在协议申请中请求 DUA 审查，并在哈佛研究管理与合规系统中链接相关参考编号；⑤要求进行与数据相关的辅助审查〔如 GDPR 审查、哈佛大学微生物安全委员会（Committee on Microbiological Safety，COMS）审查、教务长审查〕，并确认这些辅助审查已正确记录在哈佛研究管理与合规系统中。

（二）开展培训和教育

哈佛大学 IRB 根据大学政策，负责制定和传播与研究数据相关的人类主体研究指南。具体措施包括：①对大学人员进行有关人类课题研究的教育和培训；②就保护人类受试者机密的负责任做法提供指导。

（三）移送审查

当哈佛大学 IRB 将一项涉及接收数据的研究项目移送给其他机构审查时，IRB 负责通知该项目的研究人员。该研究人员必须依据哈佛大学的 DUA 政策和指南，确定是否需要签署 DUA，或者向大学相关谈判办公室的代表寻求咨询，并在研究安全申请表中创建数据集记录。

（四）开展信息安全监督

哈佛大学 IRB 通过审查流程和任何后续行动，负责向适当的研究监督机构报告不符合行政审批和机构政策的问题，以便进一步审查。

四、谈判办公室的职责

（一）审查和批准研究协议

哈佛大学谈判办公室负责审查和批准研究协议的条款，并与其他部门

（如总务委员会办公室、技术开发办公室、主管研究的副教务长办公室、哈佛大学信息技术部等）进行合作，确认研究协议符合适用的法律法规以及哈佛大学的内部政策。具体包括：①要求进行与基础数据相关的辅助审查（如 GDPR 审查、哈佛大学 COMS 审查、教务长审查等），并在协议申请表中记录此类辅助审查；②强调需要研究人员采取行动的 DUA 项目特定要求；③在执行 DUA 之前，确认研究人员已获得必要的批准（如 IRB、安全审查、部门管理人员批准等），并在相关申请中进行正确的记录。

（二）提供培训和教育

根据哈佛大学政策，各谈判办公室负责提供有关 DUA 的指导。具体措施可包括：①为研究人员和管理人员提供指导和培训，使其了解与 DUA 审查有关的过程和程序；②就与数据提供者合作的最佳实践提供指导。

（三）开展信息安全监督

哈佛大学谈判办公室通过审查流程和任何后续行动，负责向适当的研究监督机构报告不符合行政审批和机构政策的问题，以便进一步审查。

五、主管研究的副教务长办公室的职责

哈佛大学 OVPR 在科学数据安全管理方面的职责包括：①实施。OVPR 将酌情与大学首席信息安全官办公室和研究监督机构协商，制定并落实《哈佛大学研究数据安全政策》的实施程序。OVPR 将与其他利益相关者合作，促进对与《哈佛大学研究数据安全政策》相关的要求和最佳实践的遵守、认识和理解。②修订。在必要时，OVPR 负责与其他研究监督机构合作，识别数据安全风险、政策差异和额外资源，并纳入哈佛大学相关的政策和指南。

上文介绍了哈佛大学研究人员、信息安全审查员、伦理审查委员会、谈判办公室、主管研究的副教务长办公室等五个角色的科学数据安全管理职责。其实，英美等国家的很多高校和科研机构都以明文制度规定了科学数据安全管理的角色分工及其职责，此处不再赘述。

第五节　我国科学数据安全管理责任体系
存在的问题和完善建议

一、我国科学数据安全管理责任体系存在的问题

（一）科学数据安全管理法律责任不明确

我国关于科学数据安全管理责任的法律制度包括一般性法律和行政法律规范。一般性法律包括《中华人民共和国民法典》、《中华人民共和国网络安全法》（以下简称《网络安全法》）、《中华人民共和国数据安全法》（以下简称《数据安全法》）、《中华人民共和国个人信息保护法》（以下简称《个人信息保护法》）等。其中，《数据安全法》有关数据分级分类、数据安全审查以及数据安全保护义务等的一般规定适用于科学数据。包含个人信息的科学数据，也应当适用《个人信息保护法》的一般规定。但是，这些一般规定对于科学数据安全管理而言不够明晰、具体，需要科技行政主管部门制定科学数据相关的行政法律规范进行补充。

我国科学数据行政法律规范的主体部分是行政规范性文件。自 2001 年以来，部分国务院直属事业单位和由部委管理的国家局发布了有关科学数据开放共享的规范性文件，包括中国气象局 2001 年 11 月发布的《气象资料共享管理办法》，中国地震局 2006 年 6 月发布的《地震科学数据共享管理办法》，科学技术部基础研究司 2014 年发布的《科技基础性工作专项项目科学数据汇交管理办法》，国家国防科技工业局、国家航天局 2016 年 9 月联合发布的《月球与深空探测工程科学数据管理办法》，国家国防科技工业局 2018 年 1 月发布的《高分辨率对地观测系统重大专项卫星遥感数据管理暂行办法》，中国科学院 2019 年 2 月发布的《中国科学院科学数据管理与开放共享办法（试行）》，中国农业科学院 2019 年 7 月发布的《中国农业科

学院农业科学数据管理与开放共享办法》，国家航天局、国家原子能机构2022 年 3 月联合印发的《"羲和号"卫星科学数据管理办法》，国家航天局 2023 年 6 月发布的《澳门科学一号卫星科学数据管理办法》等。从法律效力上看，这些规范性文件的效力层级比较低。从内容上看，这些规范性文件主要涉及相关领域科学数据的开放共享，而很少涉及科学数据安全管理。

国务院办公厅 2018 年印发了《科学数据管理办法》，但涉及科学数据保密与安全的条款仅有 5 条。该办法印发后至今，有 28 个省（自治区、直辖市）的人民政府或者科技工作主管部门制定了实施《科学数据管理办法》的细则，但是这些细则对科学数据安全的规定较为简略，甚至是照搬《科学数据管理办法》中的条款，未能真正体现出实施细则所应有的精细化和具体化。由此可见，我国科技工作主管部门、相关部门及地方政府在科学数据安全管理的制度建设方面，仍需进一步强化和完善。

（二）科研组织内部的制度规范有待完善

大学、科研机构、实验室等科研组织是科学数据生命周期相关环节的行为主体，也是科学数据安全管理的责任主体。这些机构的相关管理制度，是确保在科学数据生命周期中落实《数据安全法》和《个人信息保护法》的重要工具。在科学数据安全管理法律制度不健全的情况下，科研组织的内部制度规范尤为重要。然而，调研发现，国内的大学、科研机构普遍缺乏完备的数据安全管理制度。

二、完善我国科学数据安全管理责任体系的建议

针对我国科学数据开放共享安全管理规范存在的问题，借鉴美国、英国、欧盟的相关经验，我们对完善我国科学数据安全管理责任体系提出如下建议。

（一）完善科学数据安全管理责任的法律制度

国务院 2018 年印发的《科学数据管理办法》仅仅是规范性文件，且早

于我国《个人信息保护法》和《数据安全法》三年之久，其中关于科学数据安全的规定滞后于这两部法律的要求。我们建议对我国科学数据的开放共享、安全管理等事项进行顶层设计，并由国务院制定"科学数据管理条例"，提高科学数据安全法律规范的层级，完善科学数据安全管理的体制机制。

（二）资助机构应对科研组织和科研人员提供引导

英国、美国、欧盟等国家和地区的资助机构普遍重视其资助项目产生的科学数据的安全管理，有的机构甚至要求申请人在申请项目时就必须提交数据管理计划。中国国家自然科学基金委员会（简称自然科学基金委）是我国基础研究的主要资助机构。自然科学基金委 2014 年 5 月 15 日发布了《中国国家自然科学基金委员会关于受资助项目科研论文实行开放获取的声明》，2017 年 11 月 10 日发布了《国家自然科学基金委员会　基础研究知识库开放获取政策实施细则》。与美国 NSF 相比，自然科学基金委科学数据政策文件的内容比较简略，特别是对科学数据安全管理责任的规定较为欠缺。我们建议我国的资助机构借鉴国际先进经验，通过项目管理机制，引导科研机构和科研人员加强科学数据的安全管理工作。

（三）加强科研组织在数据安全管理中的主体责任

尽管当前我国科学数据安全管理的法律规范有待完善、标准体系有待健全、主管部门监管有待加强，但当务之急是压实高校和科研院所的科学数据安全管理主体责任，这是做好科学数据安全管理工作的关键抓手。具体而言，建议采取如下举措，提高高校和科研院所的科学数据安全管理能力。

1. 制定重点涵盖科学数据安全管理规范的系统性科学数据管理规章制度

国内高校和科研院所迫切需要制定具有可操作性的科学数据管理细则，并把科学数据安全作为重要内容。一是结合本单位的科研特点制定科学数据分类分级指南，明确科学数据的安全风险和风险管控的主要手段，在科学数据生命周期中切实贯彻《数据安全法》《网络安全法》《个人信息保护法》等法律法规对科学数据安全管理的要求。二是制定详细的科学数据安全评估程序，使科研人员、二级科研单位、行政管理人员、行政管理部门等有关主体能够便捷地开展科学数据安全评估，从而采取有针对性的安全管理措施。三是将科学数据安全管理与科研项目管理、合同管理、科研成果管理、员工管理等有机融合，既要切实加强安全管理，又要统筹科学数据安全和科研发展需要。

2. 通过机构和队伍建设提高科学数据安全管理专业化能力

为保障科学数据安全，国内高校和科研院所应从机构和队伍建设方面加强科学数据安全管理能力建设。一是设立专门的科学数据管理职能部门。即使不能设置专门性部门，也应当在科研管理等部门中设置负责科学数据安全管理的专职岗位。二是在有关行政管理部门设立专门的信息安全审查员、数据管理员等负责科学数据安全管理的内部职能岗位，对科研人员获取、加工、存储、使用、交换、共享科学数据的全生命周期各环节的行为进行指导和监管，向科研人员提供数据安全管理培训和教育。三是在二级科研部门设置数据管理员，具体开展本部门科学数据安全有关工作；对于重大或者涉及敏感数据的科研项目，还需要在项目层面设置数据管理员。

3. 建立健全面向科研人员科学数据安全素养提升的常态化机制

明确科研人员的数据安全管理责任，提高其数据安全素养和技能水平，是科学数据安全管理的关键基础工作。一是通过技能培训和普及教育促使科研人员充分认识到科学数据安全的重要性，熟悉国家和单位科学数据管理的基本要求。二是根据科研人员的角色分配科学数据管理责任，切实发挥PI 第一责任人的作用，推动科研人员掌握科学数据管理的基本手段和操作规范，在项目申报、对外合作、论文发表、专利申请、学术交流等环节进行安全把控。三是结合国家战略需求和科研人员的学科领域特征，动态调整优化科学数据安全工作重点，对于安全级别较高的科研活动或科研数据，要求科研人员接受必要的安全培训并达到一定课时且通过安全知识考试后方可参加或访问。

第六章
构建科学数据管理体系的机构实践
——来自 NIH 和 CNRS 的经验启示①

今天，科学研究正迈入吉姆·格雷（Jim Gray）提出的"第四范式"——数据密集型科研范式。科学数据不再仅仅是研究活动的结果，而且是科学研究活动的投入要素，成为重要的科研基础设施。什么是科学数据？OECD 将其定义为：科学研究基本来源的实时记录（数值、文本记录、图像和声音），被科学团体共同接受的对研究结果有用的数据②。我国《科学数据管理办法》规定科学数据是指："在自然科学、工程技术科学等领域，通过基础研究、应用研究、试验开发等产生的数据，以及通过观测监测、考察调查、检验检测等方式取得并用于科学研究活动的原始数据及其衍生数据。"③科学数据包括科研过程和结果的各项记录，具有典型的大数据特

---

① 本章内容公开发表于《全球科技经济瞭望》2022 年第 6 期，在此有删改。

② OECD. OECD Principles and Guidelines for Access to Research Data from Public Funding[EB/OL]. https://www.oecd-ilibrary.org/science-and-technology/oecd-principles-and-guidelines-for-access-to-research-data-from-public-funding_9789264034020-en-fr[2007-04-12].

③ 国务院办公厅. 国务院办公厅关于印发科学数据管理办法的通知[EB/OL]. https://www.gov.cn/zhengce/zhengceku/2018-04-02/content_5279272. htm[2018-04-02].

征：规模巨大、多源多样、处理速度快和价值待挖掘等。因此，对任何一个科研活动主体而言，汇集、存储、共享、开发和利用科学数据，围绕数据构造开放协同的科研组织模式，已成为迎接科学研究"第四范式"时代到来所面临的严峻挑战。

科研机构与大学和企业相比，具有建制化和任务牵引的组织优势，有条件和机会在科学数据管理体系化建设上做出先行探索。NIH 作为全球最大的生命医学研究机构之一，是最早倡导科学数据管理的组织之一；CNRS 是欧洲最大的基础科学研究机构之一，也是科学数据管理的先行者之一。身处不同科技体制中的两家科研机构，在建设科学数据管理体系中都面临着主体多元、类型多样和促进共享等挑战，从组织结构的适应性变革到数据标准化建设、分析工具开发，再到数据安全和质量的管控，两家综合性科研机构建立科学数据管理体系的努力为我们提供了有益经验。本章尝试从数据生命周期管理的角度梳理 NIH 和 CNRS 的科学数据管理体系现状，总结建构科学数据管理体系的关键机制，以期为我国科研机构加快建设和完善数据管理体系提供借鉴。

第一节　构建科学数据管理体系的制度和组织准备

美国和欧洲秉持不同的数据监管模式，这在 NIH 和 CNRS 设计数据管理工作的制度和组织准备中得到了体现。NIH 的数据监管采用基于自律为的部门模式，而 CNRS 则遵循欧盟统一的数据管理规范行事。

一、制定科学数据管理规划

1. 自主型规划

NIH 既是美国生物医学的重要研究机构，也是美国政府最主要的医学研究资助机构，具有国家研究机构和政府科学基金资助组织的双重属性。在科学数据管理方面，NIH 做出了不少先行实践。2003 年，NIH 发布了《研究数据共享的最终声明》；2014 年，NIH 专门就基因组数据管理发布了《基因组数据共享政策》，在保护相关研究者隐私的同时，促进基因组研究数据的临床转化和应用；2018 年，NIH 制定了《数据科学战略计划》，阐述其数据管理的战略目标和实施策略；2020 年 4 月，面对新冠疫情的全球流行，NIH 专门发布了《COVID-19 研究战略规划（2020—2024）》，以促进科学界联合开展战略性研究①。

2. 响应型规划

从科研机构的角度出发，CNRS 以实践经验支持国家数据政策的编写，并在国家政策的大背景下，立足于机构使命和愿景提出自身的数据管理发展规划。2016 年，法国政府颁布了《数字共和国法》，其中关于数据开放的相关条例（研究人员有权在较短的开放获取滞后期之后发表由公共资金资助的研究文章等），即是由 CNRS 结合自身实践支持编写。在法国政府《数字化路线图》（2013 年）和《数字共和国法》（2016 年）等政策的指导下，CNRS 先后颁布了《开放科学路线图》（2019 年 11 月）及《研究数据计划》（2020 年 11 月），积极响应国家数据管理的政策号召②。

二、组织结构的适应性变革

CNRS 和 NIH 都将 FAIR 原则贯彻到数据战略规划中，在该原则的指导下，两家机构均展开了适应性组织创新。NIH 先后任命了数据科学副主任和首席数据战略家，并设有数据科学战略办公室（The Office of Data Science Strategy，ODSS）以及科学数据委员会（Scientific Data Council，

---

① National Institute of Allergy and Infectious Diseases. NIAID Strategic Plan for COVID-19 Research[EB/OL]. file:///C:/Users/HW/AppData/Local/Temp/MicrosoftEdgeDownloads/8f437e8a-3eec-4367-863a-837487195ffd/837071.pdf[2020-04-22].

② Centre national de la recherche scientifique. Sharing research data more effectively [EB/OL]. https://www.cnrs.fr/en/update/sharing-research-data-more-effectively[2025-02-25].

SDC）①和数据科学政策委员会（Data Science Policy Council，DSPC）两个内部委员会。ODSS 主要负责推动《数据科学战略计划》的实施，SDC 和 DSPC 则分别从发展机遇和政策法规方面提供相应的指导建议②。

从 2020 年开始，CNRS 的科学技术信息部（The Department of Scientific and Technical Information，DIST）和数学计算任务部（Mathematics and Computing Division，MiCaDo）合并为开放研究数据部③，该部门从事开放科学战略的制定与执行工作，并关注与数据研究相关的所有问题，包括数字基础设施建设等。其中，DIST 主要负责 CNRS 的数据管理工作落地，包括三个研究单元：①INIST，负责科学信息的获取与传播、分析工具开发；②开放科学交流中心，负责开放获取期刊出版物的平台建设工作；③Persée，负责数字化传播科学历史工作④。此外，CNRS 还在筹备新的数据研究部门，主要负责数据开放程度的界定工作⑤。层级式模块化的管理结构设计，让 CNRS 的数据管理执行力更强。

第二节　基于数据生命周期的管理体系建设

从过程来看，科学数据管理涵盖了数据的获取、描述、存储、共享和重用等环节，包括从多源数据产生到汇集数据、对数据进行命名及统一数据

---

① National Institutes of Health. About the Council[EB/OL]. https://datascience.nih.gov/scientific-data-council[2021-05-25].

② National Institutes of Health. About the Office of Data Science Strategy[EB/OL]. https://datascience.nih.gov/about/odss[2019-08-07].

③ Centre national de la recherche scientifique. CNRS Research Data Plan[EB/OL]. https://www.science-ouverte.cnrs.fr/wp-content/uploads/2021/04/Cnrs_Research-Data-Plan_mars21.pdf[2021-11-30].

④ Persée 通常不翻译为中文，是电子学术期刊法文的缩写，最初是一个项目，目前是一个隶属于里昂高等师范学院和 CNRS 的研究支撑单元。感谢中国科学院科技战略咨询研究院陈晓怡提供此条解释。

⑤ Open Research Data Department. The Actors of Open Science at the CNRS[EB/OL]. https://www.science-ouverte. cnrs. fr/en/the-actors-of-open-science-at-the-cnrs/[2024-12-29].

格式，再到对数据进行存储，并在此基础上进行开放共享和重复利用等。数据生命周期理论对上述数据管理各环节的阶段特征进行了分析，并提出了链型、矩阵型、环型和层次型等模型①②③，从而对科研数据管理工作进行了结构化解析。英国国家数据档案馆（UK Data Archive，UKDA）结合自身管理实践，将数据生命周期界定为数据创建、数据处理、数据分析、数据存储、数据访问和数据重用六个阶段④。国内学者基于对不同科学数据管理实践的案例观察，也分别提出了五阶段⑤⑥、六阶段⑦⑧的划分，认为收集、保存、处理、分析等是数据生命周期共有的属性⑨。综合已有数据生命周期理论的相关分析，本书采纳的科学数据管理生命周期模型（图 6.1），包括获取、描述、存储、共享和重用等五个环节。运用这一模型，以下重点比较分析 NIH 和 CNRS 的科学数据管理体系的现状与特征。

获取　　　描述　　　存储　　　共享　　　重用

获取途径、　文件命名、　数据保存的　数据共享的　数据的引用、
获取方式、　数据格式、　时间、位置、　程度、方式、　数据的传播、
获取权限等　元数据等　　方式、权限　涉及主体等　数据的再利用等

图 6.1　科学数据管理生命周期模型图

---

① 李伟绵，崔宇红. 研究数据管理生命周期模型及在服务评估中的应用[J]. 情报理论与实践，2015，38（9）：38-41.

② 师荣华，刘细文. 基于数据生命周期的图书馆科学数据服务研究[J]. 图书情报工作，2011，55（1）：39-42.

③ 索传军，王涛，付光宇. 国内外信息生命周期管理研究综述[J]. 图书馆杂志，2008（7）：14-20.

④ UKDA. Research Data Management[EB/OL]. https://ukdataservice.ac.uk/learning-hub/research-data-management/[2024-12-29].

⑤ 黄源，施栩婕，李晨英. 基于科学数据管理流程的科研机构职责分析[J]. 数字图书馆论坛，2020（1）：20-26.

⑥ 魏悦，刘桂锋. 基于数据生命周期的国外高校科学数据管理与共享政策分析[J]. 情报杂志，2017，36（5）：153-158.

⑦ 鲍静，范梓腾，贾开. 数字政府治理形态研究：概念辨析与层次框架[J]. 电子政务，2020（11）：2-13.

⑧ 陈恬，余亚荣，张照余，毕建新. 基于数据保全思想的科学数据全流程管理研究[J]. 档案与建设，2020（12）：4-9.

⑨ 杨林，钱庆，吴思竹. 科学数据管理生命周期模型比较[J]. 中华医学图书情报杂志，2016，25（11）：1-6.

一、以规制和补贴等方式多途径汇集科学数据

NIH 和 CNRS 主要通过规制和补贴的方式要求或鼓励科学数据的汇交。一方面，对于利用政府资助产生的研究数据，要求汇交。例如，NIH 要求"年度预算超过 50 万美元"的大额资助项目必须公开其研究数据，具体研究数据包括用于证明研究发现的、科学界公认的真实数字化资料，不包括样本、实物资料、音频、视频等内容。并且研究者可以选择合适的共享渠道降低数据共享成本，例如，研究者可以选择"自主提供数据"的方式简单共享少量的、访问量不大的数据，选择将数据"提交公共数据库"的共享方式实现"访问需求量或数据量较大"的数据共享[①]。CNRS 则要求接受其资助的研究人员将研究成果在其所属的 HAL 进行存储和公开。针对可共享的研究数据，研究人员需要提交原始数据或经重新处理的数据的所有格式，包括文本、文档、软件、算法、协议和工作流情况。为遵循 CNRS "尽可能开放，必要时尽可能保留"的开放数据原则，研究人员需要与知识产权事务、数据保护等部门共同确定后续数据的具体开放程度[②]。

另一方面，对于科学家个人拥有的数据，机构通过补贴或创建交流网络等方式鼓励汇交。例如，NIH 鼓励个人、团队、科研机构通过数据平台上传数据，并给予数据提交者一定的补贴。NIH 还开发了 EyeWire 项目，以游戏的形式联系起 130 多个国家的约 7 万名玩家，玩家可以使用真实的电子显微镜图像绘制老鼠视网膜上神经元的三维结构，通过"游玩"过程所产生的数据信息可以帮助研究人员发现神经元是如何连接起来处理视觉信息的[③]。

---

① 汪俊. 美国科学数据共享的经验借鉴及其对我国科学基金启示：以 NSF 和 NIH 为例[J]. 中国科学基金，2016，30（1）：69-75.

② Centre national de la recherche scientifique. PLAN DONNÉES DE LA RECHERCHE DU CNRS [EB/OL]. https://www.science-ouverte.cnrs.fr/wp-content/uploads/2021/01/Plaquette-Plan-Donnees-Recherche-CNRS_nov2020.pdf [2021-01-12].

③ National Institutes of Health. NIH 3D Print Exchange[EB/OL]. https://bioinformatics.niaid.nih.gov/3dprinting/45. 1. 1 [2024-12-29].

二、建立数据标准化体系

为便于数据存储和共享，对数据管理工作进行质量把控，其中数据汇集过程中的标准化工作备受重视。NIH 和 CNRS 要求从数据类型、应用工具、应用标准等方面对数据进行描述，并将相关信息与数据一并提交。这两家科研机构要求数据上传者按照标准内容和格式提交数据信息，具体内容如表 6.1 所示。

表 6.1 NIH 与 CNRS 关于数据信息的提交要求

项目	NIH[1]	CNRS[2]
数据类型	科学数据的体量；数据模式（如成像、基因组、移动、调查）；聚合级别（如个体、聚合、汇总）；原始数据的处理方式等	数据标题、创作者、主题、发布者、贡献者、日期资源标识符、数据相关所有权
应用工具	访问和使用科学数据的专用工具和软件等	数据可互操作的工具和系统等
应用标准	科学数据和关联的元数据应用的标准；针对并未发布通用标准的领域内的数据则需提供其相关的共识性数据标准	元数据应用文档、数据交换协议的规范和标准等

三、建设高质量数据库

数据库是数据存储的载体，肩负"数据中转场"的责任。目前，NIH 和 CNRS 均建成了多个数据库，旨在为研究人员提供数据库参考建议，鼓励研究人员将数据存储到合适的高质量数据库。为了更好地统一存储需求，促进数据共享，CNRS 在研究人员提交数据之始便强调了数据存储和数据归档的应用差别，即数据存储包括数据识别、索引和频繁访问的长期化管理，而数据归档则是出于法律或历史原因对数据的保存管理，帮助研究人员明确

---

① National Institutes of Health. NIH releases strategic plan for data science[EB/OL]. https://www.nih.gov/news-events/news-releases/nih-releases-strategic-plan-data-science [2018-06-04].

② Par l'Atelier Données. Guide de bonnes pratiques sur gestion des données de la recherche[EB/OL]. https://hal.science/hal-03152732v1/file/Guide_bonnes_pratiques_gestion_donnees_recherche_v1.pdf[2021-02-25].

存储目标。

迄今，NIH 已建成涵盖文献、基因、基因组、蛋白质类、化学物质、健康等方面的多个高质量数据库①，这些数据库以需求为导向，根据不同类型的疾病或项目特点，分级分类地增设新的数据库。例如，新冠疫情暴发时，NIH 发布了《COVID-19 研究战略规划（2020—2024）》，并启动了用于追踪相关神经系统症状的"COVID-19 神经系统数据库"项目，旨在从临床医生手中收集与新冠感染神经系统症状相关的各类信息，以加速对并发症、疾病情况以及新冠感染对已有神经系统疾病的影响的研究②。CNRS 则针对不同类型数据的特点，不断探索更优的数据分类存储方式。例如，CNRS 正在地理领域开展项目试点，为数据量级较小的"长尾数据"建设通用的数据存储库③。

在指导研究人员选择合适的数据库方面，NIH 发布了《NIH 数据管理和共享政策的补充信息：选择 NIH 资助研究数据的存储库》④政策指南，旨在帮助研究人员高效地存储数据，并鼓励他们尽可能使用已建立且更适合的存储库来保存和共享科学数据，以确保数据的质量和长期存储。帮助研究人员更好地选择数据库进行数据存储，CNRS 下属的 INIST 也在其门户网站中公开了旗下的数据库清单，包括文章目录、集成式的书目科学数据库、PASCAL 和 FRANCIS 数据库以及法国工程师学院联盟成员院校的博士论文数据库。其中，PASCAL 和 FRANCIS 数据库约有 1700 万条文献⑤。此外，CNRS 也正在筹备开放一个更加详细、完善的专题数据中心清单。

---

① 唐志立. NCBI 所有数据库简介 [EB/OL]. https://www.renrendoc.com/paper/97254776.html[2019-08-07].

② 张唯. 新冠肺炎影响神经系统 美国 NIH 启动数据库项目追踪症状[EB/OL]. https://baijiahao.baidu.com/s?id=1690038409231503823&wfr=spider&for=pc[2022-01-04].

③ Centre national de la recherche scientifique. CNRS Roadmap for Open Science [EB/OL]. https://www.science-ouverte.cnrs.fr/wp-content/uploads/2019/11/CNRS_ Roadmap_ Open_Science_18nov2019.pdf[2019-11-18].

④ National Institutes of Health. Supplemental Information to the NIH Policy for Data Management and Sharing: Selecting a Repository for Data Resulting from NIH-Supported Research [EB/OL]. https://grants.nih.gov/grants/guide/notice-files/NOT-OD-21-016.html [2020-10-29].

⑤ 张志刚. 法国国家科技信息研究所发展现状和思考[J]. 数字图书馆论坛，2009（12）：38-42.

四、开发云平台和数据分析工具

为促进高效且高质量的数据共享，让科学数据创造更大的社会价值，NIH 主张使用大规模云平台（一种用于数据存储、访问和计算的共享环境），通过分布式数据存储资源提高数据的可访问性和实现规模经济。以美国国立卫生研究院数据共享平台（NIH Data Commons）为例[①]，其主要职责是开发和测试云平台，研究人员可以在该平台上存储、共享、访问生物医学和行为生成的数字对象（数据、软件等），通过数据的便捷共享加速生物医学的发现。目前，NIH 正与战略合作伙伴共同努力，创造一个可操作的服务平台（PaaS）环境，以推动整个数据生态系统的建设[②]。

CNRS 也在欧盟的 EOSC 计划中积极行动，为研究人员提供共享服务清单，促进国家范围内的云平台建设。CNRS 旗下的 INIST 也在开放科学的目标下，研发建设了具有英语、法语、意大利语、西班牙语 4 种语言检索界面的门户网站——科学链接（Connect Sciences），该网站汇集科学技术信息及医学信息等，形成了一个知识云平台[③]。

此外，NIH 和 CNRS 均开发了帮助研究人员高效挖掘和分析数据的线上工具，并向外界开放获取分析工具的渠道和使用方式。数据分析工具和方法的统一不仅可以减少数据污染情况的发生，还可以通过工具的普及有效地降低因技术导致的"数据鸿沟"现象。NIH 的国家卫生服务研究和卫生保健技术信息中心（National Information Center on Health Services Research and Health Care Technology，NICHSR）[④]网站上提供了数据库和相关统计分析工具包。CNRS 在其官方网站上开放了数据分析工具 GarganText 以及数据

① National Institutes of Health. New Models of Data Stewardship[EB/OL]. https://commonfund.nih.gov/commons[2024-11-06].

② National Institutes of Health. NIH releases strategic plan for data science[EB/OL]. https://www.nih.gov/news-events/news-releases/nih-releases-strategic-plan-data-science [2018-06-04].

③ 宋筱璇，王延飞，钟灿涛. 国内外科研数据安全管理政策比较研究[J]. 情报理论与实践，2016，39（11）：10-16.

④ National Institutes of Health. National Information Center on Health Services Research & Health Care Technology[EB/OL]. https://hsric.nlm.nih.gov/hsric_public/topic/datasites/[2024-02-22].

可视化工具 Lodex 等，以帮助研究人员提取数据和进行数据的可视化操作[①]。为了不断优化数据分析工具，NIH 还设立项目资助私营部门的系统工程师，不断将原型工具和算法更好地应用至生物医药研究领域，对现有工具进行改良迭代和优化升级。

五、促进数据重用的互动迭代机制

为促进数据重用，NIH 和 CNRS 采取多种方法实现数据和用户之间的互动，使用户更加便捷地了解、获取和使用数据。NIH 广泛邀请数据领域专家参与到数据科学项目解决方案和计划立项的工作中。例如，ODSS 启动了数据和技术进步国家服务学者计划，参与该计划的数据科学家和计算机工程师可以获得公共健康领域的生物医学数据；ODSS 同时提供了相关的潜在生物医学问题，以促成多领域的科学家共同解决诸如如何加速人工智能在医学成像中的临床应用等问题[②]。

CNRS 的 INIST 会针对用户的需求，提供领域及数据专家的数据监测和提取服务，帮助用户整理及总结所需的数据信息。INIST 还在其网站上定期发布并更新针对当前热点话题的各种评论文件，如禽流感和人类、生物技术和药品等，以推动交叉领域内学者的研究互动[③]。

第三节 运行数据管理体系的关键要素分析

在建立数据生命周期五阶段数据管理工作的基础上，NIH 和 CNRS 还

---

① Centre national de la recherche scientifique. Exploration des données[EB/OL]. https://www.science-ouverte. cnrs.fr/exploration-des-donnees/[2024-09-14].

② National Institutes of Health. Office of Data Science Strategy: 2020 Year in Review[EB/OL]. https://datascience. nih.gov/news/office-data-science-strategy-2020-year-review[2021-01-20].

③ 张志刚. 法国国家科技信息研究所发展现状和思考[J]. 数字图书馆论坛，2009（12）：38-42.

着重采取了以下举措：通过与外部多主体的互动合作，拓宽数据存储和共享的边界，加大基础设施建设和人才培养投入，重视数据安全隐私问题，稳定支持数据管理工作的开展。这些举措为确保数据管理体系的高效运作提供了进一步的保障，激发了机构数据生态的活力。

一、推动多主体合作

（一）与其他机构合作，不断探索数据交互新机制

在数据管理流程的各阶段，积极推进数据的交互十分重要。例如，在数据收集阶段，NIH 与各类组织机构合作，促进数据协同以解决疾病难题。为改善对致病细菌和食源性疾病的监测，NIH、CDC 和美国食品药品监督管理局（Food and Drug Administration，FDA）合作，实施了病原体检测项目和食品与饲料安全基因组学跨机构研究项目（Gen-FS）。通过该项目，美国和国际上的许多公共卫生机构通过从食物、环境和人类患者中收集样本，将获得的细菌病原体的基因序列数据提交至 NIH[1]。类似的还有结核病门户项目，该项目负责组建由耐药结核病临床医生和科学家组成的联盟，与数据科学家和信息技术专业人员合作，收集多领域的结核病数据，并向临床和研究界提供这些数据。在数据存储的互联互通方面，由于拥有体系庞大的数据库，NIH 致力于加强整合、改进知识库和数据库的互操作性。以 NCBI 为中介，将云平台与目前广泛使用的 NIH 数据库之间建立连接，联系起临床和科研数据的 NIH 数据资源等。

在 INIST 的主导下，CNRS 与法国高校的图书馆和文献中心建立了伙伴关系。通过与法国高等教育文献机构 Abes 的合作，INIST 实现了与其负责的馆际互借和文献传递网络的互联，特别是大学体系资料库（Le catalogue du Système Universitaire de Documentation，SUDOC）。SUDOC 于 1998 年开始实施，于 2000 年开放目录，在 2006 年就拥有超过 700 万条记录，并且

---

① 药明康德. NIH 与 11 家药企携手推进免疫疗法[EB/OL]. https://tech.sina.com.cn/roll/2017-10-13/doc-ifymvece1883771.shtml[2017-10-13].

处理了近 3500 万次搜索查询。同时，INIST 注重与国际上重要科技信息机构的合作，目前已经和一些主要的图书馆（如大英图书馆、加拿大科学技术情报所）以及德国文献服务系统 Subito 达成合作协议，并且正在寻求与美国计算机联网图书馆中心（Online Computer Library Center，OCLC）、美国ProQuest-剑桥科学文摘（ProQuest-Cambridge Scientific Abstracts，ProQuest-CSA）及意大利合作的可能性。这些合作使得 INSIT 能够自动将格式化的文献通过文件传送协议（file transfer protocol，FTP）或电子邮件实现订单的跨国配送，或者以机器可读文件的形式交换目录。

（二）与公众合作，开放科学边界

一方面，激励公众为数据库提供数据。NIH 积极招募志愿者以及通过补贴等形式鼓励公众提交健康信息等数据，以便为研究人员提供研究资源。每年有近 3500 名健康志愿者参与 NIH 的研究①。除此之外，每天有超过3000 个不同的团体和个人通过 NCBI 系统提交数据，数据包括人类和研究生物的基因组序列、基因表达数据、化学结构和性质（安全性和毒性数据）、有关临床试验及其结果的信息等。许多个人和团体，如其他联邦机构、出版商、州公共卫生实验室、基因检测实验室、生物技术和制药公司等，积极主动地为生物医学研究数据生态贡献数据。

另一方面，帮助公众了解科学数据和支持科学研究。例如，CNRS 开发了一款崭新的交互式数字媒体软件 Doranum，并在其官网进行发布。通过远程培训，CNRS 帮助公众了解数据管理计划和共享的相关知识，并不定期地举办数据知识研讨会②。公众可以在网站上自由报名，与嘉宾共同探讨数据管理的相关内容。

---

① National Institutes of Health. All of Us Research Program Overview[EB/OL]. https://allofus.nih.gov/about/program-overview[2024-11-22].

② Centre national de la recherche scientifique. L'ouverture des données de la recherche[EB/OL]. https://www.science-ouverte. cnrs. fr/formation/ouverture-des-donnees-de-la-recherche/[2024-12-31].

二、保障对基础设施建设的资金投入

NIH 的《数据科学战略计划》[①]明确提出，要支持高效的生物医学研究数据基础设施建设，促进数据资源生态系统的现代化。2020 年，NIH 请求增加 1 亿美元投资内部的信息技术基础设施，以保障数据隐私安全，并不断研发和更新数据处理、共享、分析的工具和方法等。

为促进数据信息共享，CNRS 于 2019 年为其法语学术文献开放存储平台 HAL 投入 65 万欧元专项资金，用于改进研究工具，增加文献收录量，并加强与其他国际开放档案库的互联互通。此外，CNRS 还制定了基础研究设备管理规范，旨在推广 FAIR 原则在各学科领域的应用，并要求所有基础研究和数据存储设备都必须遵循 FAIR 原则和相关质量标准[②]。

三、重视数据安全和隐私问题

当前，各管理主体在推进数据开放共享的实践中，都遭遇了数据安全以及隐私保护等挑战。通过对 NIH 的"注重数据开放的前提"和 CNRS 的"尽可能地开放，必要时尽可能保留"等相关数据政策进行梳理，可以发现二者对数据安全问题的重视。NIH 积极探索通过技术升级等方式尽可能地保证数据获取过程的安全性。例如，鼓励研发人员开发和采用更适合移动设备与数据接口的工具，确保该信息工具可以获得相关认证，以及认证的电子健康记录和其他临床数据能够安全合法地应用于医学研究等[③]。NIH 特别重

---

① National Institutes of Health Office of Data Science Strategy. NIH Strategic Plan for Data Science[EB/OL]. https://datascience.nih.gov/sites/default/files/NIH_Strategic_Plan_for_Data_Science_Final_508.pdf[2018-06-04].

② Centre national de la recherche scientifique. CNRS Roadmap for Open Science [EB/OL]. https://www.science-ouverte.cnrs.fr/wp-content/uploads/2019/11/CNRS_Roadmap_Open_Science_18nov2019.pdf[2019-11-18].

③ National Institutes of Health. NIH Releases Strategic Plan for Data Science[EB/OL]. https://www.nih.gov/news-events/news-releases/nih-releases-strategic-plan-data-science [2018- 06-04].

视隐私保护，要求促进基因组研究数据的临床转化和应用必须是在保护相关研究测试人员隐私基础上进行下一步研究。

比较而言，CNRS 由于涉及的领域更加广泛，不同学科领域之间存在异质性和复杂性，因此更多的是做出原则性规定，如科学成果需要在不挑战个人数据或知识产权保护的情况下获取和公开等；而对于数据隐私安全和知识产权的归属并未给出统一界定，而是号召各领域根据具体情况形成各自的具体要求规范①。

四、培养管理人才，保持管理体系活力

随着数据与其他领域交叉的问题涌现，科研机构也不断将目光聚焦于数据科学的人才培养和队伍建设。在人才招聘方面，NIH 启动了"数据研究员计划"等项目②，为积极建设数据科学人才队伍提供支撑。NIH 主要采用数据驱动研究的理念招聘具有相关背景的科研人员，并将招聘的数据科学家和其他在项目管理等领域有专长的人纳入 NIH 的一系列数据科学项目，如"我们所有人"（All of Us）项目等，通过人才知识的多样化提高项目研究的专业性③。CNRS 数据管理部门的管理层人员也是领域内具有数据类专业背景的管理人才。同时，为了打破社会对数据科学领域女性研究人员的刻板印象，CNRS 在网站上专门发布了 12 幅女性数字科学研究人员的肖像和漫画④，分享这些优秀女性数据科学研究人才背后的故事，以此努力推动数字科学研究人才多样性的实现。

在人才培训方面，CNRS 凭借持续积累的文献加工与数据库管理的丰富

---

① Centre national de la recherche scientifique. CNRS Roadmap for Open Science [EB/OL]. https://www.science-ouverte.cnrs.fr/wp-content/uploads/2019/11/CNRS_Roadmap_Open_Science_18nov2019.pdf[2019-11-18].

② National Institutes of Health. NIH releases strategic plan for data science[EB/OL]. https://www.nih.gov/news-events/news-releases/nih-releases-strategic-plan-data-science[2018-06-04].

③ National Institutes of Health. Big Data Integration to Better Health for All of Us[EB/OL]. https://datascience. nih.gov/big-data-integration-better-health-all-us[2021-02-22].

④ Centre national de la recherche scientifique. Les décodeuses du numérique[EB/OL]. https://www.ins2i. cnrs. fr/fr/les-decodeuses-du-numerique[2024-09-17].

经验，为任何希望改进自身信息检索和管理方法的信息专业人士或研究人员提供各种有关信息检索和管理工具的培训课程①，旗下的 INIST 还开发了一个线上的培训平台，以方便研究人员进行线上学习。

在人才评价方面，CNRS 大力倡导对数据研究人员的评价方式改革。鉴于目前主要是通过文献计量的方式进行评估，CNRS 签署了《科研评价的旧金山宣言》（San Francisco Declaration on Research Assessment，DORA），承诺各部门在评估过程中必须采用更定性的评估方式，并在评估时考虑不同类型的研究成果。

第四节 对我国科研机构建设数据
管理体系的启示

在系统观的指导下，NIH 和 CNRS 基于数据生命周期的管理体系和开放式数据生态系统建设，有力地推动了科学数据的流动和价值创造，为我国科研机构的数据管理工作提供了有益启示。

一、重视顶层设计，制定管理政策和形成组织架构

在建设数据管理体系之初，首先要做好顶层设计，明确机构数据管理工作的原则和定位，如 NIH 和 CNRS 始终坚持 FAIR 原则，并强调要构建开放共享的数据管理体系。聚焦战略目标，科研机构应结合领域数据管理的特征制定相应的管理政策，统筹规划数据管理工作的层级和要素，且要有专业的数据管理领导团队牵头推进数据管理工作。科研机构的各部门需要展开相应的数据管理流程建设，并加强部门之间的互联互通。领导团队与各部门

① Centre national de la recherche scientifique. ANF TDM 2021: Exploration documentaire et extraction d'information [EB/OL]. https://www.science-ouverte.cnrs.fr/actualite/actionnationale-de-formation-exploration-documentaire-etextraction-dinformation/[2021-08-07].

数据管理负责人之间紧密合作，形成科研机构数据管理的基本组织架构。

二、建设专业数据库，多主体合作构建科学数据库网络

在业务范围内，科研机构应着力聚焦领域建设专业数据库。依托领域数据库，再逐步拓展至交叉领域的数据库链接，如 NIH 以 NCBI 为中介，连接起关联领域的数据库和数据资源，为数据的共享增加可操作性和便捷性。在建设数据库的过程中，科研机构要增进跨领域多主体间的合作交流，为后续的数据资源流动和共享夯实基础，最终参与到更大范围的科学数据库网络建设。

三、技术和管理并重，注重科学数据安全和标准化工作

在技术层面，首先要重视数据分析和管理工具的开发。科研应加大对数据库软件研发的投入，开发数据检索、分析等工具，在使用中扩大数据规模并迭代数据服务，促使科学数据价值流动替代科学数据流动。其次，加强区块链等技术在科学数据保密和隐私保护方面的应用开发等，为科学数据在安全前提下的开放共享提供技术支撑。

在管理层面，重视科学数据标准化工作，着力建立科学数据分级分类管理制度，并出台科学数据安全使用的各项规定。科研机构应制定和完善科学数据提交、描述等的标准格式，并明确访问控制的具体要求。科研机构应着力推进科学数据分级分类管理制度的建立，为科学数据的安全使用和共享提供制度保障。依据国家数据安全管理的相关规定，积极探索并制定科学数据安全管理的职责和程序，以形成具有可操作性的实施范例。

四、加强数据管理人才培养，完善人才成长激励制度

科研机构应重视科学数据管理人才的培养，提供研究项目支持和人员培训等机会，为人才成长提供实践土壤。研究并制定适应于科学数据管理人

才的岗位设置与晋升办法，推动将出版科学数据论文纳入职称晋升和工作绩效等评价内容，畅通数据管理人才的职业发展路径。建立有竞争力的薪资管理制度，吸引具有专业知识背景和信息化管理技能的复合型人才积极投身于科学数据管理事业。

第七章

典型国家和地区促进科学数据
开放共享的政策与实践

　　自 2010 年左右开始，为了进一步推动科学数据的公开、流通，促进多元化和基础性研究成果的开放共享，开放数据运动逐渐兴起。近年来，伴随着数字化技术的发展以及新冠疫情的影响，人们对科学数据的开放需求急剧增长。从全球范围来看，多个国家和地区在战略层面和政策层面颁布了促进科学数据开放共享的相关文件。科学数据开放共享已取得了长足的发展，逐步成为公共资金资助的科学研究的基本行为准则。本章重点以美国、英国和日本为例，介绍这些国家在促进科学数据开放共享方面的政策和实践。此外，欧盟作为欧洲各国的政治和经济共同体，欧盟的相关规定和欧洲开放科学云（EOSC）的实践经验也将在此简单介绍。

第一节　美　　国

　　自 20 世纪中叶以来，随着科学研究规模的扩大和复杂性的增加，各国和地区逐渐认识到开放共享的重要性[①]。罗伯特·默顿（Robert K. Merton）等[②]提出的科学规范理论强调了科学知识的公共性，为开放科学奠定了理论基础。进入信息时代后，不同国家和地区数字技术的发展为科学数据的收集、存储和共享提供了新的可能。同时，大数据时代的到来也为世界各国和地区带来了科学数据管理和共享利用的新挑战。美国作为科技强国，长期以来一直致力于推动科学数据的开放共享，接下来将基于一系列重要的法律基础，探讨美国在促进科学数据开放共享方面的政策和实践探索。美国科学数据的开放共享是一个由多个法律和政策共同推动的复杂进程，旨在提高透明度、促进创新、加强公众信任，并支持基于证据的政策制定[③]。

一、法律基础

1966 年，美国颁布《信息自由法》（Freedom of Information Act，FOIA），为科学数据开放共享奠定了法律基石。该法案赋予了公众获取联邦政府信息的权利，为科学研究和公众监督提供了法律依据。然而，FOIA 在实施过程中遇到了许多挑战，如信息披露的及时性和完整性等问题[④]。随着时间的推移，其他相关法律相继出台，以应对科学数据管理的新挑战。1995 年修订的《文书削减法》（Paperwork Reduction Act，PRA）旨在减少不必要的数据收集，鼓励联邦机构优化数据收集流程，从而间接地促进了数据的高效管理和共享。现有研究表明，PRA 在降低行政成本的同时，也提高了数据的质量和可用性[⑤]。

---

① 国家冰川冻土沙漠科学数据中心，国家特殊环境、特殊功能观测研究台站共享服务平台. 美国科学数据发展政策与规划 [EB/OL]. https://cstr.cn/CSTR:11738.11. NCDC.NIEER.DB3912.2023[2023-08-24].

② Merton R K, Storer N W. The Sociology of Science: Theoretical and Empirical Investigations[M]. Chicago: University of Chicago Press, 1973.

③ 王炼. 美国联邦政府科学数据管理政策及实践[J]. 全球科技经济瞭望，2018，33（7）：47-51.

④ Kwoka M B. Deference, chenery, and FOIA[J]. Maryland Law Review, 2013, 73(4): 1060-1119.

⑤ Shapiro S. The Paperwork Reduction Act: benefits, costs and directions for reform[J]. Government Information Quarterly, 2013, 30(2): 204-210.

进入 21 世纪，随着数据量的激增和信息技术的发展，美国政府加大了对科学数据开放共享的支持力度。2002 年发布的《电子政务法》（E-Government Act）进一步推动了政府信息的电子化，要求联邦机构利用互联网提供信息和服务，从而为科学数据的在线访问和开放共享提供了便利。沙伦·S. 道斯（Sharon S. Dawes）指出，该法案不仅提高了政府透明度，也为科研人员获取和利用政府数据提供了便利[1]。

2010 年发布的《美国竞争力再授权法案 2010》（America Competes Reauthorization Act of 2010）强调科学数据管理和共享的重要性，要求联邦科研机构制定数据管理计划，并鼓励跨机构的数据共享。该法案的实施，不仅提高了科研资金的使用效率，也促进了科研成果的快速传播和应用[2]。

2018 年发布的《开放政府数据法案》（Open Government Data Act）是数据开放运动的一个重要里程碑。该法案要求联邦机构默认开放其数据，除非有合法的理由保密，还要求建立一个政府数据目录，以便公众更容易发现和访问数据。《开放政府数据法案》的通过，标志着美国政府对数据开放的坚定承诺，为科学数据的共享提供了更为广阔的平台。凯勒（S. A. Keller）等分析指出，《开放政府数据法案》不仅推动了政府数据的开放，也为私营部门和学术界提供了丰富的研究资源[3]。

2019 年发布的《循证决策基础法案》（Foundations for Evidence-Based Policymaking Act）进一步强调了数据在政策制定中的作用。该法案要求联邦机构使用和共享数据来评估项目的有效性，并促进数据的可访问性和透明度。该法案的实施，不仅提高了政策制定的质量和效率，也为科学研究提供了更多的实证基础。

在隐私保护方面，2022 年提出的《美国数据隐私和保护法案》

---

① Dawes S S. The evolution and continuing challenges of E-governance[J]. Public Administration Review, 2008, 68(s1): S86-S102.

② Holdren J P. Memorandum for the Heads of Executive Departments and Agencies: Increasing Access to the Results of Federally Funded Scientific Research[EB/OL]. https://rosap. ntl. bts.gov/view/dot/34953[2013-02-22].

③ Keller S A, Shipp S S, Schroeder A D, et al. Doing data science: a framework and case study[J]. Harvard Data Science Review, 2020, 2(1).

（American Data Privacy and Protection Act，ADPPA）（截至 2024 年 9 月，该法案仍在立法过程中）反映了美国政府在推动科学数据开放共享的同时，也高度重视个人隐私和数据安全的问题。《美国数据隐私和保护法案》的提出，代表美国在制定国家数据安全和数字隐私框架方面迈出了重要一步，标志着美国在数据管理方面向着更加平衡和全面的方向发展。

二、联邦政府的政策和战略规划

（一）政策

科学数据的开放共享已成为 21 世纪科技创新和政府管理的重要议题。美国作为全球科技创新的领导者，其联邦政府在过去几十年间制定了一系列旨在促进科学数据开放共享的政策，这不仅反映美国政府对科学发展的重视，也体现其在提高政府透明度、推动公民参与和促进创新方面的决心。

1991 年，OSTP 发布了《全球变化研究数据管理政策声明》（Policy Statements on Data Management for Global Change Research），该声明主要针对美国全球变化研究计划（U.S. Global Change Research Program，USGCRP）所产生的科学数据，要求实行完全公开共享[①]。该声明的发布，体现了美国政府对气候变化研究的重视，以及对科学数据共享的支持。通过公开这些数据，研究人员能够更好地理解气候变化的影响，并为政策制定提供科学依据。同时，该政策也被视为美国联邦政府在科学数据开放共享领域的先驱性尝试，为后续更广泛的数据开放政策奠定了基础。

2009 年是美国政府数据开放的重要时间节点，白宫发起了"开放政府"运动，旨在提高政府透明度，促进公民参与和加强机构间合作。在此背景下，奥巴马总统于 2009 年签署了《透明和开放政府备忘录》（Memorandum on Transparency and Open Government），该备忘录明确了具体措施，要求联邦政府各部门和机构必须提高透明度、公众参与度，并促进

---

① OSTP. Policy Statements on Data Management for Global Change Research[EB/OL]. https://digital. library. unt.edu/ark:/67531/metadc11862/[1991-07-02].

政府部门之间、政府部门与 NGO、个人与私人企业之间的合作①②。2010年，美国政府数据开放网站 Data.gov 上线，这是一个重要的里程碑事件。Data.gov 网站的推出，为公众提供了一个集中的平台，可以访问和下载联邦政府持有的大量数据集。白宫要求各政府部门在 60 天内公布开放政府计划，并把首批开放数据上传到网站上，这极大地推动了政府数据的开放和共享。2009 年，美国行政管理和预算局（Office of Management and Budget，OMB）发布了《开放政府命令》③，进一步强化了政府数据透明和公开的理念，不仅鼓励政府数据透明，还具体指导各机构以"开放格式"在线发布信息，为后续的数据开放实践提供了操作指南。

随着大数据技术的迅速发展，美国政府意识到科学数据管理和利用的重要性。2012 年，政府发布《大数据研究和发展倡议》，不仅关注数据的开放，还对科学数据管理、可视化、数据分析等方面提出了新的方法和任务。特别值得注意的是，该倡议强调了制定数据引用实践的新政策，以确保数据能够被有效地重用，反映美国政府对数据价值最大化的追求。

2013 年 2 月，OSTP 发布了《促进联邦资助科研成果的获取备忘录》④，要求年度研发预算超过 1 亿美元的联邦机构制订计划，确保公众能够获取联邦资助研究的成果，包括同行评议的学术论文和研究数据。该政策致力于在最大程度上和尽可能少的限制下，将联邦资助的科学研究的直接成果提供给公众、工业界和科学界，显著扩大了科研成果的受益群体，推动了知识的广泛传播和应用，促进了科学数据开放共享实践的发展。2013 年 5 月，奥巴马总统签署了《政府信息公开和机器可读行政命令》，要求政府信息默认公

　　① 美国总统发布《透明和开放政府备忘录》[EB/OL]. http://chinalawlib.org.cn/LunwenShow.aspx?CID=20081224141625700185&AID=20100809111130687583&FID=20081224141208467131[2024-12-26].

　　② Administration of Barack H. Obama. Memorandum on Transparency and Open Government[EB/OL]. https://www.archives.gov/files/cui/documents/2009-WH-memo-on-transparency-and-open-government.pdf[2009-01-21].

　　③ White House. Open Government Directive[EB/OL]. https://obamawhitehouse.archives.gov/open/documents/open-government-directive[2009-12-08].

　　④ Office of Science and Technology Policy. Expanding Public Access to the Results of Federally Funded Research[EB/OL]. https://obamawhitehouse.archives.gov/sites/default/files/microsites/ostp/ostp_public_access_memo_2013.pdf[2013-02-22].

开并采用机器可读格式，指出政府信息资源的默认状态应当是开放的和机读的。此外，该命令还提出了将政府信息在其整个生存周期中作为资产进行管理的理念，以促进互操作性和公开性①。同年，OMB 发布了《开放数据政策：将信息作为资产管理》备忘录，提出了一个更为系统化的数据管理框架，要求对所有机构数据资产进行分类，将其访问级别分为"公开""限制公开""不公开"三种类型，并按照相应的分类确定机构开放清单②。这种分类方法不仅促进了数据的有序开放，也兼顾了数据安全和隐私保护的需求，为各联邦机构实施开放数据政策提供了具体指导。

（二）战略规划

美国科学数据战略规划是一项多层次、跨机构的长期工作，其目标是通过政策指导、技术研发和基础设施建设，推动科学数据的开放共享、有效管理和创新应用。

1993 年，美国联邦政府提出的"信息高速公路"（Information Superhighway）计划，倡议建立全国性的高速通信网络，为美国在信息时代的发展奠定基础。该计划的核心目标包括：构建高速、高带宽的通信基础设施；推动信息技术在教育、医疗、政府服务等领域的广泛应用；刺激私营部门在信息技术领域的投资和创新③。虽然该计划主要关注通信基础设施建设，但也为科学数据的广泛收集和利用创造了有利条件。

2012 年，美国联邦政府通过 OSTP 发布了《大数据研究和发展倡议》，这标志着美国正式将大数据纳入国家战略规划。该倡议的主要目标包括：推进技术的发展，以便从海量数据中提取知识和洞察力；加速在科学发现、环境和生物医学研究、教育和国家安全等领域的大数据创新；以及扩大

---

① White House. Executive Order—Making Open and Machine Readable the New Default for Government [EB/OL]. https://obamawhitehouse.archives.gov/the-press-office/2013/05/09/executive-order-making-open-and-machine-readable-new-default-government-[2013-05-09].

② Office of Management and Budget. Open Data Policy—Managing Information as an Asset [EB/OL]. https://www.whitehouse.gov/wp-content/uploads/legacy_drupal_files/omb/memoranda/2013/m-13-13.pdf[2013-05-19].

③ Clinton W J, Gore A. Technology for America's Economic Growth, A New Direction to Build Economic Strength[R]. Executive Office of the President, Washington, D.C., 1993.

数据科学家和分析师的人才队伍①。《大数据研究和发展倡议》极大地促进了大数据技术的发展，推动了机器学习、人工智能等相关领域的进步，同时也引发了对数据隐私和伦理问题的广泛讨论，为后续的数据政策制定提供了重要参考。

2016 年，NRTRD 发布了更为详细的《联邦大数据研发战略计划》②，这是对 2012 年《大数据研究和发展倡议》的深化和扩展。该计划提出了一个全面的框架，指导联邦政府在大数据领域的研究和发展工作。其主要策略包括：培养下一代大数据能力，发展先进的数据管理、分析和机器学习技术；支持研发以加速从数据到知识到行动的进程；培养和增加大数据人才队伍；以及理解大数据的社会、经济和政策含义。《联邦大数据研发战略计划》进一步巩固了美国在大数据领域的领先地位，促进了产学研合作，但同时也凸显了数据管理和伦理方面的挑战。

随着数据在政府决策和服务中的重要性日益凸显，OMB 在 2019 年发布了《联邦数据战略 2020 行动计划》③，标志着美国政府数据管理方法的重大转变，强调了数据作为战略资产的重要性。该计划的主要行动包括：建立数据管理结构，在各机构设立首席数据官；改善数据管理实践，包括数据和元数据的标准化；提高数据可访问性和可用性；增强数据分析能力；以及促进数据文化和技能发展。《联邦数据战略 2020 行动计划》推动了联邦政府数据管理的现代化，提高了政府数据的质量和可用性，但在实施过程中也面临着跨部门协调、系统更新等挑战。

2021 年，OMB 发布了《联邦数据战略 2021 行动计划》④，这是对《联

---

① Office of Science and Technology Policy Executive Office of the President. Press Release: Obama Administration Unveils "Big Data" Initiative: Announces $200 Million in New R&D Investments[EB/OL]. https://obamawhitehouse.archives.gov/the-press-office/2015/11/19/release-obama-administration-unveils-big-data-initiative-announces-200[2012-05-29].

② NRTRD. The Federal Big Data Research and Development Stretegic Plan[EB/OL]. https://obamawhitehouse.archives.gov/sites/default/files/microsites/ostp/NSTC/bigdatardstrategicplan-nitrd_final-051916.pdf[2016-05-13].

③ OMB. Federal Data Strategy 2020 Action Plan[EB/OL]. https://strategy.data.gov/assets/docs/2020-federal-data-strategy-action-plan.pdf[2019-12-23].

④ OMB. Federal Data Strategy 2021 Action Plan[EB/OL]. https://strategy.data.gov/assets/docs/2021-Federal-Data-Strategy-Action-Plan.pdf[2023-07-25].

邦数据战略 2020 行动计划》的延续和深化。新计划考虑了新冠疫情全球流行的影响，更加强调数据在危机响应和公共卫生决策中的作用。主要更新的内容包括：加强跨机构数据共享机制；提高数据质量和及时性；扩大开放数据计划；增强数据隐私保护措施；以及促进数据驱动的决策文化。这一计划进一步推动了联邦政府的数据现代化进程，特别是在公共卫生和应急响应领域，但数据隐私和安全问题仍然是一个持续的挑战。

随着网络安全威胁的增加，OMB 在 2022 年发布了《推动美国政府走向零信任网络安全原则》[①]，这标志着美国政府在数据安全方面采取了一种新的、更为严格的方法。主要策略包括：实施持续的身份验证和授权；加强设备安全；加密数据传输和存储；细分网络和应用访问；持续监控和改进安全措施。《联邦零信任架构战略》反映了政府对数据安全的高度重视，有望显著提高联邦系统的安全性。然而，实施该战略需要巨额资源投入和文化变革，因此可能会面临一些挑战。例如，该战略要求组织在每次访问联邦数据时都验证用户和设备的身份，无论它们是在内部网络还是外部网络。这种方法虽然可以大大提高安全性，但也可能会影响系统的性能和用户的体验感，因此需要在安全性和便利性之间找到平衡。

2023 年，OSTP 发布了《促进数据共享与分析中的隐私保护国家战略》，该战略旨在解决数据共享和隐私保护之间的平衡问题，反映了政府对数据伦理和个人隐私的日益关注。主要策略包括：发展隐私保护技术，如差分隐私、联邦学习等；建立数据共享的伦理框架；加强跨部门和公私合作的数据共享机制；提高公众对数据隐私的认识和教育水平；以及推动国际合作，建立全球数据隐私标准[②]。该战略代表了美国在数据管理方面的最新思考，试图在促进创新和保护隐私之间找到平衡。然而，技术的快速发展和全球数据流动的复杂性可能会给该战略的实施带来挑战。

2022 年 9 月，美国总统拜登颁布了《推进生物技术和生物制造创新以

---

① OMB. Moving the U. S. Government Toward Zero Trust Cybersecurity Principles [EB/OL]. https://www.whitehouse.gov/wp-content/uploads/2022/01/M-22-09.pdf[2022-01-26].

② OSTP. National Strategy to Advance Privacy—Preserving Data Sharing and Analytics[EB/OL]. https://www.whitehouse.gov/wp-content/uploads/2023/03/National-Strategy-to-Advance-Privacy-Preserving-Data-Sharing-and-Analytics.pdf[2023-03-31].

实现可持续、安全和有保障的美国生物经济》①行政命令。该行政命令提出了"生物经济数据计划"，旨在通过数据驱动的创新来加强美国的生物经济。随后，在 2023 年 12 月，美国 OSTP 进一步发布行政指导文件《生物经济倡议的数据愿景、需求和提议行动》②，着重指出了高质量生物数据集在解决健康、气候变化、能源、粮食安全、农业、供应链复原力以及国家和经济安全等关键领域挑战中的核心作用。同时，文件也强调了建设健全的数据基础设施、制定相关标准以及对数据资源进行战略性投资的重要性，以支持生物经济的持续发展和创新。这些措施共同构成了美国政府在生物数据管理与利用方面的战略布局，体现了对生物数据作为国家战略资源的高度重视。

三、政府部门管理政策

基于上述法律基础和联邦政府的总体政策，美国各政府部门也制定了相应的管理政策来促进科学数据的开放共享。

（一）NIH

2003 年，NIH 制定了《研究数据共享的最终声明》，规定接受 50 万美元及以上资助的项目负责人需要提交数据共享计划，或者详细说明数据不可共享的原因。该政策的核心目标是最大化 NIH 资助研究的价值，通过数据共享加速科学发现和创新③。首先，该政策促使研究人员在项目规划阶段就开始考虑数据管理和共享问题，这有助于提高整个研究过程中的数据质量和可用性。其次，该政策的门槛设置（50 万美元）确保了大型、高影响力项

---

① White House. Executive Order on Advancing Biotechnology and Biomanufacturing Innovation for a Sustainable, Safe, and Secure American Bioeconomy[EB/OL]. https://www. whitehouse.gov/briefing-room/presidential-actions/2022/09/12/executive-order-on-advancing-biotechnology-and-biomanufacturing-innovation-for-a-sustainable-safe-and-secure-american-bioeconomy/[2022-09-12].

② OSTP. Vision, Needs, and Proposed Actions for Data for the Bioeconomy Initiative [EB/OL]. https://www.whitehouse.gov/wp-content/uploads/2023/12/FINAL-Data-for-the-Bioeconomy-Initiative-Report.pdf[2023-12-20].

③ NIH. Final NIH Statement on Sharing Research Data[EB/OL]. https://grants.nih.gov/grants/guide/notice-files/NOT-OD-03-032.html[2025-02-28].

目的数据能够被广泛共享，同时也给予了小型项目一定的灵活性。最后，该政策要求研究人员解释数据不可共享的原因，这一规定既保护了确实无法共享的敏感数据，又防止了研究人员以各种借口回避数据共享责任。然而，该政策在实施过程中也面临一些挑战。例如，如何界定"可共享"的数据范围，如何处理涉及人类受试者的敏感数据，以及如何确保共享数据的质量和可用性等。从长远来看，NIH 数据共享政策的实施推动了开放科学文化的形成，促进了科研资源的有效利用，加速了科学发现的步伐，并为提高科研投资回报率做出了重要贡献。

2014 年，NIH 颁布了《基因组数据共享政策》①，这是对 2003 年《数据共享政策》的重要补充和深化，特别针对基因组研究这一快速发展且数据密集型的领域。《基因组数据共享政策》最显著的特点是建立了一个基于所有物种大规模基因组数据的两级数据发布系统：公开访问级别和受控访问级别。在公开访问级别，数据可以被任何人自由访问和使用；而在受控访问级别，数据仅供经过批准的研究使用。公开访问级别的设置最大化了数据的可用性，有利于加速科学发现和促进跨学科合作，而受控访问级别则确保了某些敏感或潜在识别性的基因组数据得到适当保护，同时仍然允许合格的研究人员在严格的条件下使用这些数据。面对全球基因组测序技术的快速发展和成本的大幅下降，基因组数据量呈指数级增长。面对这一趋势，如何有效管理和共享海量基因组数据成为亟待解决的问题。《基因组数据共享政策》不仅规范了数据共享的流程，还对数据的格式、质量、元数据等方面提出了具体要求，有助于提高共享数据的可用性和可重复性。政策还要求研究人员在申请 NIH 资助时提交基因组数据共享计划，这进一步强化了数据共享在整个研究周期中的重要性。此外，政策还明确了数据提交的时间表，通常要求在相关研究论文发表时或项目完成后（以先到者为准）提交数据，这促进了大规模基因组数据的广泛共享，加速了基因组学研究的进展，推动了精准医疗等新兴领域的发展。同时，该政策也带来了一些挑战，例如，如何确保数据的隐私保护，如何处理跨国数据共享中的法律和伦理问题，以及如何平衡

---

① NIH. Genomic Data Sharing Policy[EB/OL]. https://sharing.nih.gov/genomic-data-sharing-policy[2024-12-30].

数据共享与商业利益之间的关系等。

2015 年，NIH 发布了《NIH 资助科学研究产生的科学出版物和数字科学数据可获取性提升计划》[①]，其核心理念是，由联邦资金完全或部分支持的非机密研究产生的，关乎美国国家、国土和经济安全的数字格式科学数据，应当被存储并公开，以便于搜索、检索和分析。该计划的主要目标是促进科学数据的共享，以增加科学研究的投资回报，进而促进科学的发展。该计划的一个重要特点是强调了数据的可用性和可重用性，不仅要求数据能够被存储和访问，还特别强调数据应该是可搜索、可检索和可分析的。此外，该计划还特别关注数据的长期保存问题，要求研究人员考虑数据的长期存储和维护方案，对于确保科学数据的长期可用性具有重要意义。在实施层面，该计划要求 NIH 资助的研究者在申请资金时提交数据管理计划，说明数据的生成、处理、质量控制、存储、共享和长期保存等方面的安排。同时，计划也认识到不同学科和研究类型的特殊性，允许在某些情况下对数据共享要求进行豁免或调整，如涉及国家安全、个人隐私或商业机密的数据。这种灵活性有助于平衡数据共享与其他合法利益之间的关系。该计划的实施对 NIH 资助的研究产生了广泛影响，促进了更多高质量科学数据的开放共享，为数据密集型研究和跨学科合作创造了有利条件。然而，计划的实施也面临一些挑战，例如，如何处理大规模数据的存储和传输问题，如何确保共享数据的质量和可用性，以及如何平衡数据共享与研究人员职业发展（如论文发表和专利申请）之间的关系等。

2016 年，NIH 发布了《关于传播 NIH 资助的临床试验信息的政策》[②]，核心目标是通过 ClinicalTrials.gov 平台促进 NIH 资助的临床试验信息广泛和负责任地传播。该政策规定，全部或部分由 NIH 资助的临床试验的研究者必须确保这些试验在 ClinicalTrials.gov 上注册，并将试验的结果信息提交给该平台。首先，该政策大大提高了 NIH 资助的临床试验的可见度和透明

---

① NIH. Plan for Increasing Access to Scientific Publications and Digital Scientific Data from NIH Funded Scientific Research[EB/OL]. https://grants.nih.gov/grants/NIH-Public-Access-Plan.pdf[2015-02-22].

② NIH. NIH Policy on the Dissemination of NIH-Funded Clinical Trial Information [EB/OL]. https://grants.nih.gov/grants/guide/notice-files/NOT-OD-16-149.html[2016-09-16].

度。通过要求所有试验，无论结果如何，都必须在 ClinicalTrials.gov 上注册和报告结果，有效地减少了"抽屉效应"（即负面结果被隐藏）的发生，不仅有助于研究人员和医疗专业人员全面了解某一治疗方法的效果，也使患者和公众能够获取更全面的信息。其次，政策促进了临床试验数据的更广泛使用。ClinicalTrials.gov 平台提供了标准化的数据格式和详细的元数据，这使得试验数据更容易被检索、分析和再利用，不仅有助于二次分析和荟萃分析的开展，也为跨试验的比较和综合提供了可能。再次，该政策的实施有助于提高临床试验的质量和效率。通过要求在试验开始前就进行注册，鼓励研究者更加仔细地设计试验方案，并严格按照预先设定的计划进行研究。最后，该政策还有助于避免不必要的重复研究，节约研究资源。该政策还特别强调了结果报告的时效性，要求在主要结果获得后一年内提交结果信息。然而，该政策的实施也面临一些挑战。例如，如何确保研究者遵守注册和报告要求，如何处理复杂试验设计的数据报告，以及如何平衡数据共享与保护知识产权之间的关系等。为应对这些挑战，NIH 采取了一系列措施，包括提供技术支持和培训，制定详细的实施指南，以及与其他监管机构（如 FDA）协调政策等。

2022 年，NIH 发布了《数据管理和共享政策》①，要求自 2023 年 1 月起所有接受 NIH 年度资助的机构在其资助申请中都必须包含数据管理和共享计划，并最终共享其研究数据。该政策的出台标志着 NIH 将数据共享的要求从特定类型的研究（如大规模基因组研究或临床试验）扩展到了几乎所有 NIH 资助的研究项目，在推动开放科学和数据共享方面迈出了更加坚实的一步。该政策的核心目标是最大化 NIH 资助研究的价值，提升科学发现的透明度和可重复性，并加速生物医学研究的进展。该政策的一个重要特点是其全面性和系统性，不仅要求研究者提交数据管理计划，还强调了数据的全生命周期管理，包括数据的生成、处理、分析、存储、保存和共享等各个环节，有助于提高整个研究过程中的数据质量和可用性。为了支持这一政策的实施，NIH 提供了一系列的资源和指导，包括数据管理计划的撰写指

---

① NIH. Data Management and Sharing Policy[EB/OL]. https://sharing.nih.gov/data-management-and-sharing-policy[2024-12-30].

南、数据共享的最佳实践和工具，以及如何利用公共数据存储库和资源的信息，旨在帮助研究者更好地规划和管理他们的数据，确保数据的长期价值和可访问性。该政策还考虑了数据共享过程中的潜在障碍，如隐私保护、数据安全和知识产权等问题，确保在保护个人隐私和遵守法律法规的前提下，实现数据的最大化共享。

（二）NSF

NSF 在推动科学数据的开放共享和信息技术发展方面发挥了关键作用。2007 年，NSF 提出《探索 21 世纪网络基础设施愿景的计划》[①]，旨在通过研究和开发新一代软件与技术，促进信息获取、集成、可视化、大数据分析与存储。2011 年，NSF 发布《传播与共享研究成果》，强调了传播与共享研究成果的重要性，要求其资助的项目在结束后公开数据、样品、实物信息、应用软件和项目资料，以增强科学研究的透明度和影响力。2015 年，NSF 进一步推动了数据共享的议程，通过《今天的数据，明天的发现》政策[②]，要求资助的研究项目在成果首次发表后 12 个月内，通过自存储方式保存并实现开放共享，以增加科研成果的可访问性和再利用性。上述政策和倡议不仅体现了 NSF 对科学数据开放共享的承诺，也为全球科学界提供了宝贵的经验和模式，促进了科学研究的透明度、合作和创新。

（三）NASA

NASA 作为全球航空航天研究和探索的领导者，长期以来一直是科学数据开放共享的先驱。2014 年 NASA 发布的《美国国家航空航天局计划增加对科学研究成果的获取》[③]，要求其资助的所有科学任务必须制订数据管理计划，并在合理的时间内公开发布数据。此外，该计划将范围由 NASA 的

---

① NSF. Cyberinfrastructure Vision for 21st Century Discovery[EB/OL]. https://www.nsf.gov/pubs/2007/nsf0728/nsf0728_1.pdf[2007-03-21].

② NSF. Today's Data, Tomorrow's Discoveries[EB/OL]. https://nsf-gov-resources.nsf.gov/pubs/2015/nsf15052/nsf15052.pdf[2015-03-18].

③ NASA. NASA Plan for Increasing Access to the Results of Scientific Research [EB/OL]. https://www.nasa.gov/wp-content/uploads/2021/12/206985_2015_nasa_plan-for-web.pdf?emrc=b40042[2014-12].

所有太空任务，拓展至其赞助以及部分资助的内部与对外合作研究计划，以进一步扩大科学研究成果与数据的可用性范围，提高科研工作信息管理与保存工作的规范化，并提高科学研究成果的可验证性和可重复性。2020 年发布的《2019—2024 年开创性科学数据管理和计算战略》①要求 NASA 的科研数据向所有人公开，从而为公众提供利益。

NASA 还建立了多个数据中心和门户网站，如地球观测系统数据和信息系统（Earth Observing System Data and Information System，EOSDIS）②，这是一个综合性的数据管理系统，旨在促进科学数据的开放获取和利用。EOSDIS 通过提供数据收集、处理、存档和分发的基础设施，支持 NASA 的地球科学、天体物理学、太阳物理学和空间物理学等领域的研究。此外，NASA 还通过开放数据政策，鼓励创新和新知识的发现，同时也支持教育和公众科学活动。

NASA 的科学数据共享实践还包括对数据的长期保存和归档的重视。通过与国际合作伙伴的合作，NASA 确保了数据的长期可用性和可访问性，这对于气候变化研究、环境监测和天文学等领域的长期研究至关重要。此外，NASA 的数据政策还强调了数据的质量和准确性，确保了数据的可靠性和有效性。

（四）USGS

USGS 作为美国内政部的一部分，负责对国家的自然资源和环境进行科学研究、监测和评估。2002 年，USGS 发布《USGS 信息质量指南》③，要求数据收集和研究活动以一致、客观和可复制的方式进行，并通过有力和公开的同行评审过程进行审查，以确保取得最佳结果，确保数据或结论中没有

---

① NASA. Science Mission Directorate's Strategy for Data Management and Computing for Groundbreaking Science 2019-2024[EB/OL]. https://smd-prod.s3.amazonaws.com/science-red/s3fs-public/atoms/files/SDMWG_Full%20Document_v3.pdf[2024-11-27].

② NASA Earthdata. EOSDIS[EB/OL]. https://www.earthdata. nasa.gov/about/esdis/eosdis#:~:text=NASA%27s%20Earth%20Observing%20System%20Data%20and%20Information%20System,in%20the%20Earth%20Science%20Data%20Systems%20%28ESDS%29%20Program[2024-12-27].

③ USGS. USGS Information Quality Guidelines[EB/OL]. https://www.usgs.gov/office-of-science-quality-and-integrity/fundamental-science-practices/usgs-information-quality-guidelines [2024-12-30].

弱点或错误。该政策的实施，旨在提高数据的透明度和可访问性，促进科学研究和决策的效率。

2015 年，USGS 进一步发布了《公众获得联邦资助的 USGS 研究成果》[①]，详细说明了如何实施科学数据开放共享，包括数据管理的最佳实践、数据共享的流程和工具，以及数据隐私和安全的保护措施。USGS 的公共获取计划强调了数据的质量和完整性，确保了数据的可靠性和有效性。

USGS 的数据开放共享实践还包括对数据的长期保存和归档的重视。USGS 建立了了多个数据中心和数据库，如国家地质数据目录，为地质、地理、水文和生物数据的开放共享提供了重要平台。此外，USGS 还通过与学术界、工业界和国际合作伙伴的合作，促进了数据的共享和利用。

（五）DOE

DOE 作为负责美国能源政策和科学研发的联邦机构，对能源科学领域的数据开放共享有着重要的影响。2014 年，DOE 发布《公共获取计划》[②]，要求所有 DOE 资助的研究项目制订数据管理计划，并尽可能广泛地共享研究数据。这一要求适用于 DOE 各办公室和国家实验室，极大地促进了科学领域数据的开放共享。《数字研究数据管理政策》强调了数据的质量和可访问性，确保了数据的可靠性和有效性。DOE 通过建立数据管理和共享的基础设施，如能源数据交换（energy data exchange，EDE）和科学用户设施，支持了科学研究的数据需求，这些设施提供了数据存储、处理、分析和共享的服务，支持了能源效率、可再生能源、核能和环境科学等领域的研究。同时，DOE 的其他的一些政策，如《2014—2018 年战略计划》[③]提到科研基础设施应向政府、学术界、工业界及其他相关团体开放使用；《公开发布数

---

① USGS. Public Access to Results of Federally Funded Research at the U. S. Geological Survey[EB/OL]. https://www.usgs.gov/office-of-science-quality-and-integrity/fundamental-science-practices/public-access-results-federally-funded-research-us[2023-07-06].

② Department of Energy. Public Access Plan[EB/OL]. https://www.energy.gov/sites/default/files/2014/08/f18/DOE_Public_Access%20Plan_FINAL.pdf[2014-07-24].

③ DOE. Strategic Plan for 2014-2018[EB/OL]. https://www.energy.gov/sites/default/files/2014/04/f14/2014_dept_energy_strategic_plan.pdf [2014-04-07].

据的程序》①明确了数据开放的审核与处理流程。

DOE 的科学数据政策还考虑到了科学数据共享过程中的潜在障碍，如隐私保护、数据安全和知识产权等问题。政策中包含了对这些挑战的应对措施，确保在保护个人隐私和遵守法律法规的前提下，实现科学数据的最大可能开放共享。此外，DOE 还鼓励研究者在项目开始时就考虑科学数据共享的问题，将数据管理计划作为研究设计的一部分。

（六）NOAA

美国国家海洋和大气管理局（National Oceanic and Atmospheric Administration，NOAA）作为负责监测和预测天气、气候、海洋和沿海条件的联邦机构，长期致力于环境数据的收集和共享。2015 年，NOAA 发布了《促进公众获取研究成果计划》②，要求受资助的研究人员在一年内确保数据"可见和可访问"，并采用机构数据库存储研究数据。该计划全面开发和利用元数据标准，并要求数据基于特定国际标准化组织（International Organization for Standardization，ISO）质量标准的结构化元数据。2021 年，NOAA 更新了其环境数据管理指令，进一步强调了数据的开放获取和长期保存，旨在提高环境数据的透明度和可访问性，从而提高科学研究和决策的效率。

NOAA 的环境数据管理实践体现了对数据的长期保存和归档的重视。NOAA 建立了国家环境数据中心，为气候、海洋和地球物理数据的开放共享提供了重要平台。这些数据中心提供了数据存储、处理、分析和共享的服务，支持了气候监测、海洋研究和环境评估等领域的工作。NOAA 的数据政策还强调科学数据的质量和准确性，确保数据的可靠性和有效性。NOAA 通过与学术界、工业界和国际合作伙伴的合作，促进了科学数据的共享和利用。

---

① DOE. Procedures for Public Release of Data[EB/OL]. https://www.energy.gov/data/procedures-public-release-data[2010-11-03].

② NOAA. NOAA Plan for Increasing Public Access to Research Results[EB/OL]. https://www.st.nmfs.noaa.gov/Assets/data/edm/documents/NOAAPARRPlan_v5.04(final).pdf [2015-02-13].

第二节　英　　国

一、政策体系

英国是世界范围内开放科学数据的先行者之一。在过去十几年里，英国政府对科学数据开放共享的重视程度不断提高，其缜密、科学的政策体系是引领其发展的重要蓝图[①]。英国的科学数据管理政策的制定整体上呈现出政府—资助机构—高校的"政策传导型"模式。

（一）政府层面

2011 年 12 月，英国商业、创新与技能部发布《促进增长的创新与研究战略》[②]，提出到 2013 年，RCUK 将投资 200 万英镑建立一个公众可通过网络检索的科研门户，允许公众访问与获取研究理事会和其他机构的科研信息及相关数据；英国将投资 1000 万英镑建立世界首个开放数据研究所，重点关注网络标准的创新、商业化和发展。2012 年 6 月，内阁办公室发布《开放数据白皮书：释放潜能》[③]，要求应尽可能地减少对公共资助产生的科学数据开放获取的限制。在此政策的指导下，英国科学数据管理相关政策快速增加。

（二）资助机构层面

在英国，资助机构（如 RCUK）是科学数据管理政策的重要制定者[④]。

---

① 王丹丹，吴思洁. 英国科研数据开放共享的关键问题思考[J]. 情报杂志，2020，39（9）：163-167，182.

② 王德生. 英国：立志成为世界科技创新的领导者——英国《促进增长的创新与研究战略》报告解读[J]. 华东科技，2012（12）：68-71.

③ State for the Cabinet Office and Paymaster General. Open Data White Paper: Unleashing the Potential[EB/OL]. https://assets.publishing.service.gov.uk/government/uploads/system/uploads/attachment_data/file/78946/CM8353_acc.pdf [2012-06].

④ 王静，马慧勤. 英国科学数据管理概述[J]. 全球科技经济瞭望，2018，33（6）：33-38.

英国资助机构主要包括 HEFCE、RCUK、惠康信托（Wellcome Trust, WT）和研究信息网络（The Research Information Network, RIN）。其中，RCUK 包括艺术与人文研究委员会（Arts and Humanities Research Council, AHRC）、BBSRC、工程与物理科学研究委员会（Engineering and Physical Sciences Research Council, EPSRC）、ESRC、MRC、NERC、科技设施委员会（Science and Technology Facilities Council, STFC）7 个资助机构。

2011 年，RCUK 发布了《数据政策通用原则》，要求科研机构制定相关政策。2011 年 4 月，EPSRC 向所有英国高校副校长发出一封信，列出了 EPSRC 的《研究数据政策框架》，阐述了 EPSRC 根据 RCUK 的 7 条研究数据管理原则所制定的 9 项期望（简称《EPSRC 对 RDM 的期望》），强制要求各高校制定路线图，使其研究数据管理政策和流程符合 EPSRC 的预期[①]。

2015 年，RCUK 又发布了《科研数据管理最佳实践指南》[②]，对《数据政策通用原则》进行了补充。

2016 年，HEFCE、RCUK、英国大学组织等联合推出了《开放研究数据协定》[③]，该协议界定了科研数据的相关概念，并包含了 10 个核心原则。在通用原则的基础上，该协定附加了许多要点，包括科研数据的保存管理、数据访问、存取限制、技能与培训、管理成本、审查等方面。该协定强调了研究机构对于数据管理方面的责任，标志着英国科研数据政策发展到了新的高度[④]。

（三）高校（研究机构）层面

英国有超过 75% 的科学数据管理政策是由高校颁布的。国内学者对英国 76 所高校的科学数据管理政策进行分析发现，英国高校的科学数据管理

---

① 柏雪，陈茫，郑聪. 英国高校科学数据管理服务路线图调研与分析[J]. 图书馆工作与研究，2023（1）：35-42.

② RCUK. Guidance on Best Practice in the Management of Research Data[EB/OL]. https://www.ukri.org/wp-content/uploads/2020/10/UKRI-020920-GuidanceBestPracticeManagementResearchData.pdf [2015-07].

③ Higher Education Funding Council for England, RCUK, Universities UK, et al. Concordat on Open Research Data[EB/OL]. https://www.ukri.org/wp-content/uploads/2020/10/UKRI-020920-ConcordatonOpenResearchData.pdf[2016-07-28].

④ 马合，黄小平. 欧美科学数据政策概览及启示[J]. 图书与情报，2021（4）：84-91.

政策在 2011 年《数据政策通用原则》颁布后的 5 年内呈现爆发式增长，这表明为了争取更多科研资助，各高校积极响应研究理事会的要求。从名称上看，各高校出台的管理办法多以"科研数据管理政策"（research data management policy）来命名。从管理模式来看，英国各高校的科学数据管理以数据管理计划为核心，并且形成以 PI 为核心，学校/院系科研主管、研究人员各司其职的科学数据管理责任体系[①]。

二、科研数据共享管理实践

（一）科学数据类型和范围

资助机构的数据政策覆盖其资助的科研项目，要求管理与共享受资助产生的数据。然而，由于不同资助机构的资助对象涉及的学科范围不同，因此它们对数据范围做了具体规定。例如，BBSRC 的数据共享领域为实验产生的大量数据、使用系统方法生成的系统模型、通过长时间序列或累积方法产生的低吞吐量数据；STFC 政策区分原始数据、派生数据和公开数据，并指出政策适用于由 STFC 资助产生的科学数据，包括通过向大学提供资助产生的数据、通过访问 STFC 资助的设施产生的数据，以及 STFC 赞助的其他组织［如欧洲核子研究组织（Conseil Européen pour la Recherche Nucléaire，CERN）、欧洲南方天文台（European Southern Observatory，ESO）］产生的数据。

（二）数据管理计划

英国所有高校均在政策中明确要求，研究人员在提交研究项目申请时，必须提交一份包含数据收集、数据所有权及归属、数据保存地点方式与期限、数据访问与获取协议及相关事项、数据再利用/共享等内容在内的详尽数据管理计划[②]。各个研究理事会对数据管理计划内容的要求有所差别，

①　邢文明，宋剑. 英国高校科研数据政策内容分析[J]. 数字图书馆论坛，2019（1）：21-29.

②　刘冰，王晋明，晁世育. 英、美、澳高校科研数据管理政策实证研究[J]. 情报理论与实践，2021，44（8）：59-67.

对数据保存的类型、位置、方式、时间、原因、质量控制、审查等方面的操作标准不一。多数理事会建议数据管理计划制定应在英国数据监管中心（Digital Curation Center，DCC）的指导下进行[1]。DCC 开发了在线数据管理计划，并提供了三种不同版本的数据管理计划：①最低计划，仅涵盖资助机构申请阶段要求的内容；②核心计划，涵盖 DCC 所考虑的其他相关的数据管理计划所要求的内容；③完整计划，增加了数据长期保存与管理的相关内容。在线数据管理计划还可提供数据管理相关问题的指导，输出不同格式的数据管理计划[2]。

（三）科学数据开放共享模式

英国既支持"金色"开放路径（即无开放延缓期），又支持"绿色"开放路径（即允许有一定期限的开放延缓期），还允许混合型的开放路径。根据 RCUK 开放数据有关政策规定，研究者和研究机构拥有开放路径的自由选择权，可以根据所从事的学科和研究机构的特点选择合适的开放路径，但是 RCUK 总体上又偏好"金色"开放路径，认为"金色"开放路径是一种更有效地促进开放获取发展的模式，更有利于实现 RCUK 开放数据政策的总目标[3]。

（四）科学数据存储

对于数据保存位置，如果资助机构自身拥有数据存储中心（如 NERC、ESRC），一般要求数据存储在存储中心；如果没有，则要求将数据存储在受资助者所在机构的机构知识库中或第三方数据存储中心中。NERC 指出，所有由 NERC 资助的项目必须与 NERC 数据中心合作，以实施数据管理计划，确保以商定的格式向数据中心提交有价值的数据。BBSRC 指出，如果资助人所在机构没有数据管理基础设施，可以考虑通过第三方机制（如美国

① 张红亮. 英国科学数据管理政策研究[J]. 医学信息学杂志，2020，41（7）：19-24.
② 陈大庆. 英国科研资助机构的数据管理与共享政策调查及启示[J]. 图书情报工作，2013，57（8）：5-11.
③ 胡明晖，孙粒. 英国科学资助机构开放数据政策及其对我国启示[J]. 中国科学基金，2018，32（5）：539-544.

PubMed Central）共享数据。对于数据存储时间要求分为数据访问时滞期和保存期限两类，有的资助机构要求数据一经核实便即刻共享，但一般允许数据有一定的时滞期。STFC 要求数据在相关论文出版之日 6 个月内提供，EPSRC 要求在数据生成后 12 个月内在互联网上免费提供。不同资助机构的数据保存期限也有所不同，AHRC 要求数据至少可以访问 3 年，BBSRC、EPSRC、MRC 等表示希望数据要保存至项目结束后 10 年，STFC 表示要尽可能地永久保存数据。

（五）科学数据管理与共享的资金支持

资助机构提供资金支持科学数据的管理和共享。在资金支持方面主要集中在两点：一是通过向项目申请机构提供资金弥补研究数据管理与共享的成本（包括时间成本和物质成本），例如，BBSRC 认识到数据共享具有时间和成本的影响，因此申请人可以要求为研究项目的管理和共享提供资金作为研究项目全部经济成本的一部分。二是向数据服务商提供资金，以保证长期保存和管理资助机构保存的所有科学数据。

第三节　日　　本

在 2013 年八国集团（G8）科学部长会议以后，日本政府更深刻地认识到"开放科学"在推动科技创新方面的重要作用。围绕如何有效推进"开放科学"和科学数据管理，日本制定了一系列法律政策，并在实践层面探索了一些创新做法，积累了相关经验。本节将对日本在该领域的法律政策体系和实践经验等，进行系统考察和分析。

一、政策体系

《第五期科学技术基本计划（2016—2020 年）》是日本正式全面推进开

放科学的最高指导性政策文件。自 1996 年以来，日本每五年颁布一期《科学技术基本计划》。作为指导日本科学技术与创新发展的纲领性文件，《科学技术基本计划》中所明确的相关战略和举措，为各部门、各机构制定配套政策提供了基本原则和实施方向。迄今为止所实施的共六期《科学技术基本计划》中，自 2011 年开始实施的《第四期科学技术基本计划（2011—2015年）》正式提出"开放"的理念。根据《第四期科学技术基本计划（2011—2015 年）》，日本科学技术振兴机构（Japan Science and Technology Agency，JST）在 2013 年发布了开放获取的相关政策。2015 年，作为日本科技战略与政策决策的最高司令部——综合科学技术创新会议（Council for Science，Technology and Innovation，CSTI）开始对开放科学展开积极探讨；内阁府发布了相关研究报告书《关于本国推进开放科学的方式》①，明确提出进一步促进使用公共研究资金取得的研究成果的开放活用，并将相关研究成果吸纳到 2016 年 1 月发布实施的《第五期科学技术基本计划（2016—2020 年）》之中。也是从《第五期科学技术基本计划（2016—2020 年）》开始，日本正式提出建立促进科学发展的战略体系，并将推进"开放科学"作为政府相关施策的重要内容之一。在《第五期科学技术基本计划（2016—2020 年）》的指导下，日本各部门、各机构开始积极响应，明确了更进一步的实施举措。这些成为践行《科学技术基本计划》战略的具体举措，其与《科学技术基本计划》共同构成日本推动科学数据开放共享的政策体系。自《第五期科学技术基本计划（2016—2020 年）》之后，日本在开放科学与研究数据管理方面，开启了系统的政策设计和举措推进。

梳理来看，可以根据政策发布机构的属性，将日本 2016 年至今发布的相关政策文件及其内容概括如下。

（一）内阁层面

在《科学技术基本计划》的框架之下，日本内阁会议每年会发布详细的年度规划，以推进《科学技术基本计划》有重点地实施，这类年度规划一

---

① 内阁府. 「国際的の動向を踏まえたオープンサイエンスに関する検討会」報告書[R]. 国際的の動向を踏まえたオープンサイエンスに関する検討会-総合科学技術・イノベーション会議，2015.

般被命名为《科学技术综合战略》。2016 年 5 月，在《第五期科学技术基本计划（2016—2020 年）》的框架下，日本发布了 2016 年度的《科学技术综合战略》，提出在推进开放科学的基本方向之下，构建能够实现研究成果、数据等共享的平台[1]；尽可能扩大公共资金资助下相关研究成果和研究数据的开放，同时兼顾国家利益和知识产权保护等，与资金资助机构、大学等研究机构、研究人员等利益各方相互合作，构建促进开放科学的体系。2020 年，日本内阁发布了《统合创新战略 2020》，进一步提出在推进数字化转型过程中，由文部科学省、经济产业省应负责构建一个有利于研究数据有效创造、共享和利用的环境，以促进开放科学的发展；内阁府与日本学术会议实施信息交流，以便从学术角度对研究数据的管理与使用进行有效探讨。2021 年发布的《第六期科学技术创新基本计划（2021—2025 年）》也明确提出，将建立新的研究体系，以推动开放科学与数据驱动型研究的发展。

（二）各省厅层面

2016 年 2 月，日本文部科学省发布《推进学术信息开放化》[2]，总结了当前推进学术信息开放的基本策略，提出大学、研究机构等的研究成果原则上要公开（论文和研究数据在互联网上公布）；原则上应公开由公共资金资助的论文及作为论文证据的研究数据等研究成果；哪些数据以何种方式公开，以及哪些情况下应该不公开，具体由学术界团体讨论决定；此外，还提出适当规定应公开和不公开的研究成果范围；构建研究结束后研究数据的长期存储机制，明确需要存储的数据范围，激励数据提供者，促进研究成果的相互利用等。2017 年，日本经济产业省发布《委托研发中数据管理相关运用指南》，该指南适用于由经济产业省或经济产业省所管辖的独立行政法人根据经济产业省预算所委托的技术研发项目。该指南主要明确了研发数据管理的基本思想，包括：制定用于处理研发数据的协议和数据管理计划；委托方有义务为每个项目制定与数据管理有关的基本政策，并在公开招募说明书

---

① 内閣府. 科学技術イノベーション総合戦略 2016[R]. 科学技術イノベーション総合戦略 2016-科学技術政策-内閣府(cao.go.jp), 2016.

② 文部科学省. 学術情報のオープン化の推進について（審議まとめ）[R]. 学術情報のオープン化の推進について（審議まとめ）：文部科学省 (mext.go.jp).

中加以说明；提供自项目开始至结束的研发数据管理程序；委托方编制可提供给第三方的研发数据目录。2023 年 4 月，经济产业省对该指南进行了修订，在制定研发数据协议时，同时考虑知识产权的相关处理[①]。

（三）学术团体和科研机构等

作为全日本科学家的对内对外代表机构，日本学术会议被称为日本学术界的"议会"（council）。2016 年 7 月，日本学术会议发布《关于有助于开放创新的开放科学实施方式的建议》，围绕研究数据的开放化和数据共享的应有方式展开探讨，并提出对策建议。建议主要包括三项内容：①建立能够实现跨领域研究数据管理和开放的研究数据基础；②由学术共同体制定数据战略，每个学术共同体根据具体情况确立开放或封闭的数据战略，包括识别目标数据、设置占用期、确定开放数据的范围以及数据分析工具等；③对数据生产者和数据流通者进行职业生涯设计。2020 年，日本学术会议发布《关于深化与推进开放科学》，考察分析了日本学术界所面临的主要课题，并对开放科学和研究数据管理今后应该采取的对策提出了建议。

在科研机构层面，对于科研机构的数据管理政策，日本内阁府在 2018 年 6 月发布《国立研究开发法人制定数据政策的指导方针》[②]，对国立科研机构所制定的数据政策必须规定的事项予以明确。具体包括：本机构制定数据政策的目的；所管理的研究数据的定义和限制事项；研究数据的存储、管理、操作和安全性；研究数据的元数据、标识符的添加以及格式；研究数据的归属、知识产权的处理；研究数据的公开、非公开和宽限期及引用。从主要科研机构的政策发布情况来看，日本国立情报学研究所（National Institute of Informatics，NII）于 2022 年 7 月 27 日发布了《开放科学的数据

---

① 経済産業省. 委託研究開発におけるデータマネジメントに関する運用ガイドラインとナショプロデータカタロ[R]. 委託研究開発におけるデータマネジメントに関する運用ガイドラインとナショプロデータカタログ（METI/経済産業省）.

② 内閣府. 国立研究開発法人におけるデータポリシー策定のためのガイドライン [R]. 国立研究開発法人における データポリシー策定のためのガイドライン (cao.go.jp), 2018.

管理基础手册——关于学术研究人员如何处理"个人信息"》①。此外，高能加速器研究机构、海洋研究开发机构、国立环境研究所、日本医疗研究开发机构（Japan Agency for Medical Research and Development，AMED）、京都大学、名古屋大学、大阪大学等科研机构也相继制定了本机构的与数据管理相关的政策。

（四）资助机构

目前，日本的资助机构主要有 4 家，分别为 AMED、JST、日本学术振兴会（The Japan Society for the Promotion of Science，JSPS）和新能源产业技术综合开发机构（The New Energy and Industrial Technology Development Organization，NEDO）。2017 年 4 月，JST 发布了《JST 关于促进开放科学的研究成果处理基本方针》②。对于 JST 所资助项目的研究资金，需要制订并提交数据管理计划；对相关数据实施妥当的保管和管理；鼓励公开相关证据数据（evidence data）等。2022 年 4 月，JST 修改该基本方针，进一步完善了本机构推动研究成果开放共享的具体措施③。此外，日本学术振兴会发布了关于开放获取的政策，AMED 和 NEDO④也分别发布了本机构关于数据共享与数据管理的政策。

（五）国际合作层面

第一，2016 年 5 月召开的七国集团（G7）茨城筑波科技首脑会议发布了《筑波共同声明》，该声明围绕如何更好地推进开放科学达成了共识⑤。

---

① NII.オープンサイエンスのためのデータ管理基盤ハンドブック[R]. オープンサイエンスのためのデータ管理基盤ハンドブック-事業-国立情報学研究所/National Institute of Informatics (nii.ac.jp).

② JST. オープンサイエンス促進に向けた研究成果の取扱いに関する JST の基本方針[R]. policy_openscience.pdf (jst.go.jp).

③ JST. オープンサイエンス促進に向けた研究成果の取扱いに関する JST の基本方針ガイドライン[EB/OL]. guideline_openscience_r4.pdf (jst.go.jp).

④ NEDO. NEDO プロジェクトにおけるデータマネジメント基本方針[R]. NEDO プロジェクトにおけるデータマネジメントについて | NEDO.

⑤ G7 仙台科学技術大臣会合. G7 科学技術大臣共同声明（G7 Science and Technology Ministers' Communique）. G7 仙台科学技術大臣会合(cao.go.jp).

2023 年 5 月召开的 G7 仙台科技首脑会议，将"建立基于信任的开放和可发展的研究生态系统"作为会议主题，就"尊重科学研究的自由和包容性，促进科学开放""通过研究的安全和完整性的努力促进可信任的科学研究"等问题进行了讨论，发布的《筑波共同声明》就"为新知识创造做出贡献，公平地传播包括研究数据和论文在内的科学知识，同时在扩大开放科学方面进行合作"等事项达成了共识。

二、开放共享实践：研究数据管理

（一）研究数据管理的主要考量因素

对于科学数据开放共享的实践经验，可以进一步落实到研究数据管理。所谓研究数据管理，是指"从研究开始到结束，决定收集、生成怎样的研究数据，以及如何分析、保存、共享、公开这些数据等相关的实践"。研究数据管理是对学术研究活动的总括性概念，可以说，研究者只要在实施研究活动，就是在践行着研究数据管理活动。"研究数据"不分公开和非公开、数字和非数字的区别，多指在推进研究活动中所利用、生成的信息等较为广泛的对象，如资料、史料、研究笔记、问卷调查、软件程序、论文、报告、数据库等。此外，这些研究数据根据学科领域的不同存在多种不同类型。研究数据管理在提高研究活动效率的同时，从保持研究记录的角度来看，对保证研究活动的再现性以及提高研究透明性也具有重要意义。特别是，对于使用公共资金开展的研究项目，从对这些研究活动进行说明责任的角度出发，将数据管理计划与研究计划同步推进的做法正在欧美等国家广泛实施。在该潮流下，日本的 JST、AMED、NEDO 等研发项目资助机构，也开始要求受资助的项目制订数据管理计划。

根据研究过程和研究阶段的不同，研究数据管理所考虑的要素也存在不同。如图 7.1 所示，在研究活动开始前，主要研究活动表现为计划立案和研究调查开始，所需要的研究数据管理工作主要考虑如何制订数据管理计划、研发活动对法律、伦理问题等的影响及其应对举措，是否使用现有数据等事项；在研究活动实施中，主要开展数据收集、生成、整理及分析工作，在此需要考虑数据的保存和备份，共同研究者之间的数据共享与数据接入控制，数据整理与元数据管理等事项；在研究活动结束后，需要进行研发成果的公开以及结项手续，在研究数据管理方面，需要考虑如何在数据仓库中公开、在研究者手中如何进行非公开的保管、数据的废弃以及 PID 的赋予。可以说，研究数据管理是在明确具体考量要素的基础上，通过对研究所获得的知识、数据等进行管理，在保障其持久性的同时，通过广泛公开和共享，使该研究数据为后续的研究活动更有效地利用。除此之外，在研究数据管理所需要考虑的主要要素中，对保密、伦理、各种法律法规等的考虑也是极为重要、不可忽略的一部分。

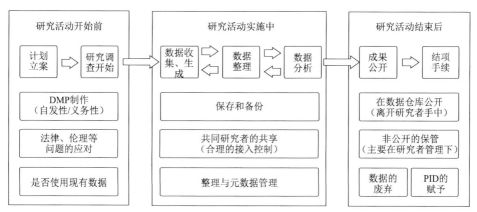

图 7.1　研究数据管理的过程及考量要素

资料来源：青木学聡. オープンサイエンスと研究データ管理の動向[J].
情報処理，2021（62）：1-11

（二）研究数据管理的具体实施举措

在学术社区方面，日本国立国会图书馆于 2020 年 8 月发布的 Japan Search，通过与各类数字档案合作，提供跨领域内容检索和使用服务，成为汇集元数据的重要枢纽地带。此外，在构建 Japan Search 之前，数字档案日本推进委员会和实务者审查委员会发布的调查报告详细记录和明确了日本构建数字档案网络的课题以及相关行动建议。主要包括数字档案运营，数据的长期保存、公开和利用，相关法律基础完善等，并对构建和运行多领域数据协作平台提出了诸多对策建议。

在学术研究机构方面，针对研究数据管理，日本为了加强对 2014 年前后频繁出现的研究不端行为和不正之风事件的纠正，保障研究的公正性，在规程层面进行了重新评估。但是，大多数提出的措施是"保证发表成果正当性的研究数据由研究者负责保存"，在大学等各类学术机构层面，由于不同学术领域的习惯差异等原因，较少有学术研究机构开展实质性的改善举措。针对此类问题，日本开放获取资源库推进协议会（Japan Consortium for Open Access Repositories，JPCOAR）实施的一些改革举措包括将难以维护的学术资源和内容移交至图书馆资源库，开展"数据库救援"工作等。尽管 JPCOAR 能够直接保护的数据库有限，但是，其获得的相关实践经验逐渐向研究人员和研究机构推行，使许多数据库能够得到有效维护。在这些先行经验基础上，日本的学术研究机构逐渐根据具体情况，探讨基于开放科学的研究数据的公开和利用。在内阁府的指导下，研究开发法人先行实施了针对研究数据的有效管理举措，大学也开始制定研究数据管理的相关政策。

在跨领域协调合作机制方面，为了推动和强化各类研究数据在数据政策、服务、系统等系统结构层面的通用化，日本也采取了一系列举措。例如，在学术研究机构的研究室层面上，能够根据源代码管理（如GitHub.com）、文献管理（如 Mendeley）等各自功能来选择具体的平台。除此之外，致力于推进测量、分析过程自动化的"实验室信息系统"（Laboratory Information Management System，LIMS），以电子方式对研究过程、讨论的记录、管理的电子实验室笔记（Electronic Laboratory Notebook，ELN）等也在不断普及。作为覆盖日本全国范围的开放科学和研究数据管理的信息系统服务基础，2021 年初，NII 计划公开"研究数据云"（NII Research Data Cloud，NII-RDC）。"研究数据云"主要包括三部分：一是通过 Web 界面存储和共享研究数据，支持基于时间戳进行追踪管理的"管理基础"（Gakunin RDM）；二是在扩大现有的 JAIRO Cloud 数据存储库功能的基础上，通过与数据管理基础的合作，能够支持研究数据公开的"公开基础"（WEKO3）；三是能够收集包括研究数据在内的广泛学术信息，并通过分析大规模知识图谱，提供多样化信息探索用途的"检索基础"（CiNii Research）。

为了使跨领域、跨机构联合起来，推动研究数据共享和利用，必须能够保证数据对象的唯一性，并确保通过 URL 等实现可访问性。与研究论文一样，作为数字化数据的 ID，DOI 作为标准被普及。因此，研究者赋予数据 DOI，选择具有 DOI 赋予功能的资源库，并上传数据。被赋予 DOI 的数据，因其唯一性、可维护性等特点，而被广泛开放共享和使用。大学和学术研究机构等运营的资源库要获得 DOI 赋予资格，必须得到注册机构（registry agency，RA）的承认。日本链接中心（Japan Link Center，JaLC，https://japanlinkcenter.org）是合法的注册机构。除了为数据赋予 DOI 以外，日本也在积极推动通过给对象（实体）赋予 PID，在数字空间识别对象的同时，也用数字化技术处理对象之间的关系，致力于构筑生态系统。代表性的例子主要有，聚焦人物实体（ORCID，https://orcid.org/），聚焦组织实体［研究机构注册处（Research Organization Registry），https://ror.org/4］，聚焦 DOI 间引用关系（Open Citation Identifies，https://opencitations.net/）等。

　　此外，为了更好地实现开放科学和研究数据管理政策及其相关制度设计的研究和实施，日本在一些领域围绕特定推进目标，也成立了不同的推进和援助组织。比如，2016 年成立致力于推进研究数据有效利用的"研究数据有效利用协议会"（Research Data Utilization Forum），该组织通过 JaLC 所推进的资源库之间的合作运营，为开放科学的发展做出贡献，重点关注研究数据信息库更好地运用、数据的引用等方面，并发布了关于许可适用的相关指南。以服务机构资源库运营者为核心目标，2016 年成立的 JPCOAR，以推动机构资源库开放论文等文档类数据为切入口，推进研究数据的开放。除了对机构数据库开展"数据库救援"之外，还为数据存储库设计数据架构（JPCOAR 架构），编写开放科学与研究数据管理相关教材等。主要以信息基础中心相关人员为核心成立的大学 ICT 推进协议会（Academic eXchange for Information Environment and Strategy，AXIES），在 2017 年成立了研究数据管理部（AXIES-RDM 部会），致力于在开展多学科、交叉学科领域的大学中，以研究人员为对象，通过明确"开放科学的意义和动机""信息服务设计""信息基础设施建设"等，以促进大学完善研究数据管理支持系统，激励研究人员实施研究数据开放。

第四节　欧　　盟

　　欧盟委员会统筹欧盟国家和科学研究组织的科学数据开放存取和共享等工作[①]，系统地制定了一系列战略政策，积极推动相关组织的建设，并在实践层面促进了 EOSC 的建设。

一、政策体系

　　2008 年 8 月，欧盟在"第七框架计划"（7th Framework Programme，FP7）[②]中启动了开放存取先导计划；2012 年 7 月，欧盟再次提出"更好地获取科学信息，促进公共研发投入产生更好的效益"，将开放获取范围从出版物拓展到科学数据；2014 年 1 月，欧盟在"地平线 2020"（Horizon 2020）科技计划下启动了"开放研究数据试点"项目；2016 年，欧盟通过了《2020 计划框架下的科学出版物和研究数据的开放获取指南》《2020 计划框架下的 FAIR 数据管理指南》等文件。欧盟在科学数据管理及开放获取方面，从宏观战略到详细指导意见，逐步完善了开放科学数据的政策框架。并且，从 2016 年开始在"地平线 2020"中支持建设 EOSC，不断推进科技界和全社会对科学数据开放共享的实践和认知。表 7.1 展示了欧盟及相关机构的部分研究数据管理政策。

---

　　① 邱春艳. 欧盟科学数据开放存取实践及启示[J]. 情报理论与实践，2016，39（11）：138-144.

　　② European Commission. Seventh Framework Programme of the European Community for Research and Technological Development and Demonstration Activities (2007-2013) [EB/OL]. https://cordis. europa. eu/programme/id/FP7[2024-06-12].

表 7.1 欧盟及相关机构的部分研究数据管理政策①②

序号	政策名称	发布时间
1	《FP7 框架开放获取先导计划》（Open Access Pilot in FP7）	2008 年 8 月
2	《科学数据：开放获取研究成果将激励欧洲的创新能力》（Scientific Data：Open Access to Research Results will Boost Europe's Innovation Capacity）	2012 年 7 月
3	《更好地获取科学信息：提升科研公共投资的效益》（Towards Better Access to Scientific Information：Boosting the Benefits of Public Investments in Research）	2012 年 7 月
4	《开放存取与数据传播和保存政策指南》（Policy Guidelines for Open Access and Data Dissemination and Preservation）	2013 年 2 月
5	《开放科学 2030：科学家的一天》（Open Science 2030：A Day in the Life of a Scientist）	2015 年 6 月
6	《"地平线 2020"框架中科学出版物和研究数据的开放获取指南》（Guidelines on Open Access to Scientific Publications and Research Data in Horizon 2020）	2016 年 2 月
7	《"地平线 2020"中的 FAIR 数据管理指南》（Guidelines on FAIR Data Management in Horizon 2020）	2016 年 2 月
8	《欧洲云计划——在欧洲建立有竞争力的数据和知识经济》（European Cloud Initiativ—Building a Competitive Data and Knowledge Economy in Europe）	2016 年 4 月
9	《在欧洲研究理事会支持的"地平线 2020"中实施开放获取科学出版物和研究数据的指南》（Guidelines on the Implementation of Open Access to Scientific Publications and Research Data in Projects Supported by the European Research Council under Horizon 2020）	2016 年 11 月
10	《欧洲开放科学云实施路线图 2018—2020》（EOSC Strategic Implementation Roadmap 2018-2020）	2018 年 5 月
11	《S 计划》（Plan S）	2018 年 9 月
12	《让 EOSC 成为现实》（Prompting an EOSC in Practice）	2018 年 11 月
13	《让 FAIR 成为现实》（Turning FAIR into Reality）	2018 年 11 月
14	《开放数据和公共部门信息再利用指令》（The Directive on Open Data and the Re-use of Public Sector Information）	2019 年 7 月
15	《欧洲数据战略》（A European Strategy for Data）	2020 年 2 月
16	《欧洲数据治理法案》（The Data Governance Act）	2022 年 5 月

---

① 姜恩波，李娜. 开放科学环境下的欧盟研究数据开放共享研究[J]. 世界科技研究与发展，2020，42（6）：655-666.

② 翟军，梁佳佳，吕梦雪，等. 欧盟开放科学数据的 FAIR 原则及启示[J]. 图书与情报，2020（6）：103-111.

欧洲推动科学数据开放共享的努力，引领并构成了其单一数据市场建设的重要内容。2020 年 2 月 19 日，欧盟委员会通过了《欧洲数据战略》，描绘了建设欧洲"共同数据空间"和"单一数据市场"的蓝图。为了落实《欧洲数据战略》，2022 年 5 月 16 日欧盟理事会通过了《欧洲数据治理法案》，该法案侧重于公共部门释放数据的规则设计，倡导建立可重复使用公共部门数据的机制，支持公共部门的数据在商业或者非商业用途中重复使用。

二、组织建设

欧盟是一个联合体，为了促进科学数据在欧洲各国的共享和开放科学的发展，欧盟委员会积极推动相关组织建设。

2013 年 3 月，欧盟委员会发起并联合 NSF、NIST 以及澳大利亚政府的创新部门等建立了 RDA 这一国际组织，旨在帮助科研人员跨越技术、学科和国家的界限共享数据。在这一联盟组织内，专门设立了 RDA Europe，由欧洲 12 个主要的代表性组织组成，担任欧洲研究数据开放与应用对外扩展的重要桥梁，它的任务是在欧洲建立 RDA 社区，确保欧洲各国了解、推进以及积极参与 RDA 的各项行动。2021 年，欧盟委员会意识到需要创建一个欧洲法律实体来支持 RDA 活动，于是根据比利时法律《国际非营利组织》（Association Internationale Sans But Lucratif，AISBL）成立了一个非营利性国际组织——RDA，其目标是支持欧洲的 RDA 活动并参与全球 RDA 发展①。

2016 年，欧盟委员会建立了开放科学政策平台（Open Science Policy Platform，OSPP），这是一个由多位专家组成的咨询小组，支持欧洲开放科学政策的制定和实施。该小组的任务是解决开放科学各个方面的问题，包括向欧盟委员会提出进一步制定和实施开放科学政策的建议、提出并解决欧洲科学研究界及代表组织关注的问题、确定要解决的问题并就所需的政策行动提出建议来支持政策制定等②。

---

① Research Data Alliance(RDA). About the RDA[EB/OL]. https://www.rd-alliance.org/about-the-rda/[2024-09-17].

② 刘文云，刘莉. 欧盟开放科学实践体系分析及启示[J]. 图书情报工作，2020，64（7）：136-144.

为推动共同认可的简洁、可度量的指导原则，欧盟委员会是积极倡导和最早采纳 FAIR 原则的机构之一。2016 年 8 月，欧盟委员会专门成立了"FAIR 数据专家组"（Expert Group on FAIR Data），该专家组负责提出 FAIR 原则的实施建议、指导制定 EOSC 的 FAIR 行动计划、开发和评估"地平线 2020"的 FAIR 数据管理计划的模板和指南，以及评估数据管理活动的财务和支出情况等①。

三、欧洲开放科学云

"欧洲开放科学云"是欧盟委员会 2016 年提出的"欧洲开放科学云计划"的核心内容，目标是联合现有的分布式数据基础设施，打造一个开放、无缝访问的虚拟环境。该环境旨在为 170 万名科研人员及 7000 万名专业人士提供存储、分享、分析与利用科学大数据的服务，以推动数据驱动的跨学科研究。EOSC 的建设从"地平线 2020"计划中［第八框架计划（8th Framework Programme，FP8），2014—2020 年］获得了 20 亿欧元的支持，此外，通过欧盟成员国财政部门、欧盟结构与投资基金以及私人企业融得了 47 亿欧元②。在建设过程中，欧盟委员会同时推进了《"地平线 2020"中的 FAIR 数据管理指南》《在欧洲研究理事会支持的"地平线 2020"中实施开放获取科学出版物和研究数据的指南》《通用数据保护条例》等，规范了 EOSC 的开放标准和保护标准。

（一）治理体系③

EOSC 的治理结构包括机构（战略）、操作（执行）和建议（利益相关者）三个层面。在 EOSC 的建设过程中，其治理体系经历了转型。2020 年

---

① 翟军，梁佳佳，吕梦雪，等. 欧盟开放科学数据的 FAIR 原则及启示[J]. 图书与情报，2020（6）：103-111.

② 付少雄，林艳青，赵安琪. 欧盟开放科学云计划：规划纲领、实施路径及启示[J]. 图书馆论坛，2019，39（5）：147-154.

③ 刘彦乔. 欧盟推进开放科学实践和 EOSC 建设路径研究[J]. 世界科技研究与发展，2023，45（2）：139-155.

以前，机构层面包括欧盟委员会和 EOSC 治理董事会（governance board，GB），董事会成员包括欧盟成员国和其他相关国家；操作层面是指 EOSC 执行董事会（executive board，EB），下设不同工作组；建议层面是利益相关者论坛，为执行董事会提供咨询。2020 年至 2021 年初，EOSC 的治理体系发生了变化，EOSC 协会接替了执行董事会的工作。EOSC 协会由协会大会（the general assembly）、执行董事会（executive board）以及秘书处（secretariat）共同管理，是协会最高的权力机构，负责选举协会主席和每两年一届的执行董事会成员。执行董事会负责选举执行董事（负责管理秘书处，并向协会汇报工作），以及为协会编制预算和监督战略实施计划的执行等工作（图 7.2）。

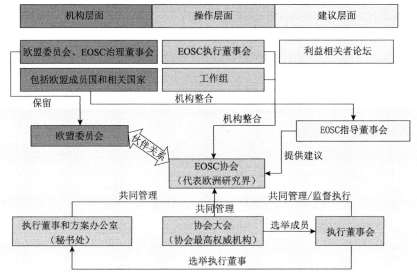

图 7.2　2020～2021 年 EOSC 治理体系转型

资料来源：刘彦乔. 欧盟推进开放科学实践和 EOSC 建设路径研究[J].
世界科技研究与发展，2023，45（2）：139-155

（二）建设和应用

可以从云政策制定、云设施建设、访问扩大和财政支持四个维度来审视 EOSC 的建设内容，如表 7.2 所示。

表 7.2　EOSC 的建设内容

目标	实施步骤
云政策制定	欧盟委员会将与全球政策和研究伙伴加强合作，在科学数据共享和数据驱动科学方面创造公平的竞争环境
	欧盟委员会将使用"地平线 2020"提供的资金，整合网络基础设施平台，联合现有科学云与研究基础设施，支持以云服务为基础的开放科学发展
	对于"地平线 2020"中的所有项目，欧盟委员会将公开科学数据作为默认选项
	欧盟委员会将审查更新科学数据获取和保存有关政策，为研究人员和企业创建奖励计划、奖励制度以及教育和培训计划，以满足欧盟数字单一市场（European Digital Single Market）中的"数据自由流动"倡议，鼓励科学数据共享
	欧盟委员会与欧盟成员国合作，欧盟研究基础设施建设中欧盟开放科学云优先
	欧盟委员会将与利益攸关方和相关全球倡议一道，制订科学数据互操作性行动计划，包括元数据、相关规范和认证等
云设施建设	升级欧洲科研与创新骨干网（Backbone Network for Research and Innovation, GEANT）以及整合欧盟公共服务网络
	建立欧盟大数据中心
	收购两台共同设计的原型亿亿级超级计算机和两个操作系统，并促使操作系统跻身世界前三
	利用量子技术的潜力发展超级计算与安全网络
访问扩大	欧盟委员会与工业界和公共部门合作
	为促进大数据技术，欧盟委员会将为公共行政部门提供大数据测试环境（大规模试点），试点将在欧洲共同利益重点项目（Important Projects of Common European Interest, IPCEI）等框架内进行
	欧盟委员会与欧盟成员国和工业界合作促现有认证和标准的使用，并尝试建立欧盟相关认证和标签，特别是在公共云服务采购领域
财政支持	欧盟委员会将与成员国和利益攸关方合作，探索开放科学云和欧盟数据基础设施的管理和融资机制，并确定实施路线图
	欧盟委员会将提出开放科学云建设的资金流方案，并与成员国和利益攸关方讨论

EOSC 作为全球规模最大的开放科学基础设施之一，为欧盟成员国的研究人员提供了跨领域、跨区域合作的重要平台，在应对气候变化、流行病防治以及能源危机等全球性挑战方面发挥着越来越重要的作用。为进一步扩大

其影响力，EOSC 正在突破科研和教育领域的边界，积极推动政府和用户的参与。根据 EOSC 门户网站的统计，EOSC 已经为 180 万欧洲研究人员和 7000 万科学技术专业人士提供了一个虚拟环境，提供开放无缝访问的服务，用于跨国界和科学学科的研究数据的存储、管理、分析和重用[①]。

---

① EOSC. European Open Science Cloud[EB/OL]. https://eosc.lt/#:~:text=Providing%201.8%20million%20European%20researchers%20and%2070%20million,services%20for%20storage%2C%20management%2C%20analysis%20and%20re-use%20[2025-01-05].

第八章
中国科学数据开放共享政策演进与体系构建^①

　　大数据时代，科学研究迈入数据密集型的"第四范式"，科学数据成为国家创新发展的基础性战略资源，在国家科技创新中占据越来越重要的战略地位^{②③}。开放共享是科学数据作为人类知识财富的应有之义，也是实现科学数据自身价值与意义的根本途径。欧盟委员会副主席兼数字议程专员内莉·克鲁伊（Neelie Kroes）曾指出："唯有开放和共享，我们方能在科学上进步。"^④2002 年，欧盟发表了《布达佩斯开放获取倡议》，提出开放共享是科学数据的公益性原则和指导思想^⑤。2012 年，欧洲研究理事会

　　① 本章内容公开发表于《科学通报》2024 年第 69 卷第 9 期，在此有删改。

　　② Hey T, Tansley S, Tolle K, et al. The Fourth Paradigm: Data-Intensive Scientific Discovery[M]. Redmond: Microsoft Research, 2009.

　　③ 马玲. 高校科研人员科学数据共享机制研究[J]. 情报科学，2021，39（9）：80-83.

　　④ Pampel H, Dallmeier-Tiessen S. Open research data: from vision to practice[J]. Opening Science, 2014: 213-224.

　　⑤ Open Society Foundations. Budapest Open Access Initiative[EB/OL]. https://www.budapestopenaccessinitiative.org/read/[2002-02-14].

（European Research Council，ERC）在《ERC 资助的研究人员开放获取指南》中要求任何由 ERC 资助的研究论文、专著或数据等应该向公众公开[①]。2022 年 8 月，OSTP 发布关于确保《免费、立即和公平地获取联邦政府机构资助的研究》的备忘录，要求联邦财政支持的研究成果和验证成果的科研数据应在没有法律、隐私、伦理、技术、知识产权或安全等限制的情况下立即向美国公众免费提供[②]。

近年来，我国一直重视推动科学数据开放共享活动的发展，在《国家中长期科学和技术发展规划纲要（2006—2020 年）》《国家重点基础研究发展计划管理办法》等各类文件中对科学数据开放共享提出要求[③]。2018 年国务院办公厅印发的《科学数据管理办法》，首次明确要求政府预算资金资助形成的科学数据应当按照"开放为常态、不开放为例外"的原则实施开放共享[④]。2021 年，国家科技基础条件平台颁布《科技计划项目形成的科学数据汇交 技术与管理规范》《科技计划项目形成的科学数据汇交通用数据元》《科技计划项目形成的科学数据汇交通用代码集》3 项国家标准，这些标准规范了科学数据的汇交管理，推动了科学数据的开放共享[⑤]。在当前中美科技竞争背景下，一方面，我国在科学数据领域面临被西方国家限制获取的"卡脖子"风险；另一方面，提高国内科学数据的共享和开发利用，是突破西方科学技术封锁、实现高水平科技自立自强的重要引擎，因此有必要对我国现有科学数据开放共享政策的制定和执行中存在的不足进行分析。本章

---

① European Research Council. Open Access Guidelines for Researchers Funded by the ERC[EB/OL]. https://erc.europa.eu/sites/default/files/document/file/open_access_policy_researchers_funded_ERC.pdf[2012-06].

② White House Office of Science and Technology Policy. OSTP Issues Guidance to Make Federally Funded Research Freely Available Without Delay[EB/OL]. https://www.whitehouse.gov/ostp/news-updates/2022/08/25/ostp-issues-guidance-to-make-federally-funded-research-freely-available-without-delay/[2022-08-25].

③ 曲建升，黄珂敏. 开放科学的发展逻辑与未来使命[J]. 科学通报，2022，67（36）：4312-4325.

④ Li H P, Zhang W J. A generalized classification and coding system of Human Disease Animal Model Resource data with a case study to show improving database retrieval efficiency[J]. PLoS One, 2023, 18(2): e0281383.

⑤ 莫漫漫，张兴伟. 科学基金规章制度体系建设的成效、问题与建议[J]. 中国科学基金，2022，36（5）：780-784.

尝试对目前我国科学数据开放共享政策发展历程进行系统梳理，针对当前政策制定和实施中存在的问题，提出进一步完善科学数据开放共享政策体系的相关建议。

第一节　我国科学数据开放共享政策的发展历程

以国家层面（包括各部委）出台的政策作为研究对象，本章对我国科学数据开放共享政策发展历程进行分析[①]。为了保证政策文本的查全率，研究采用了多种检索策略，包括政府部门的门户网站、政策法律数据库（"北大法宝"等）、网络搜索引擎等各种途径。同时，为了保证政策文本的查准率，在对科学数据开放共享政策文本的筛选过程中遵循了唯一性、针对性和权威性等相关原则，以确保所收集的政策文本具有科学合理性，最终确定了 132 项科学数据开放共享政策（图 8.1）。结合我国促进科学数据开放共享的重要事件，可以把我国科学数据开放共享政策的发展过程划分为三个阶段。

图 8.1　我国科学数据开放共享政策的发展历程

---

① 宋大成，焦凤枝，范升. 我国科学数据开放共享政策量化评价：基于 PMC 指数模型的分析[J]. 情报杂志，2021，40（8）：119-126.

一、第一阶段（2001—2011 年）：试点探索阶段

2001 年科学技术部颁布的《社会发展科技工作要点（2001-2005年）》，标志着我国科学数据共享工作正式进入政策议程。同年，我国在气象、农业、海洋、地震等 8 个不同领域实施科学数据共享工程试点项目，为科学数据开放共享工作的展开奠定了基础[①]。中国气象局颁布的《气象资料共享管理办法》，是第一个实施部门内数据共享的政策文件[②]。这一时期，我国关于科学数据开放共享颁布的政策共计 30 项，处于政策探索推进的初步阶段。利用政策文献计量的方法对这一时期的政策文本进行关键词共现分析，可以发现关键词主要有"科学技术""发展""基础设施"［图 8.2（a）］，这表明政策热点体现在科学技术发展、基础设施建设等方面。由于各部门具体工作内容不同，关于科学数据共享的要求和规定也有所不同。科学数据来源、获取、传播、加工和存储等方面的规范，视各领域共享需求而定，各单位在数据隐私与安全、数据开放程度等方面的规定也各不相同[③]。

二、第二阶段（2012—2017 年）：快速发展阶段

2012 年，《中共中央 国务院关于深化科技体制改革加快国家创新体系建设的意见》（以下简称《意见》）、《"十二五"国家政务信息化工程建设规划》（以下简称《规划》）等政策颁布，进一步推动了我国科学数据开放共享实践进程的加快。2012—2017 年，科学数据开放共享政策文本数量呈现出快速增长的趋势，共计 62 项，包括一系列旨在深化科技体制改革和加快国家创新体系建设的政策文件。《意见》指出，对于当时我国科技资源数据共享存在消息滞后、资源闭塞、获取困难等问题，应当重点推进科学数

---

① 黄欣卓，米加宁，章昌平，等. 科学数据复用研究的演化、知识体系与方法工具：兼论第四科研范式的影响[J]. 科研管理，2022，43（8）：100-108.

② 李秋月，何祎雯. 我国科学数据权益保护问题及对策：基于共享政策的文本分析[J]. 图书馆，2018（1）：74-80.

③ 盛小平，郭道胜. 科学数据开放共享中的数据安全治理研究[J]. 图书情报工作，2020，64（22）：25-36.

据、科技文献以及科学仪器设备等国家科技基础设施建设，完善我国科学数据开放共享服务模式，加快推进科学数据开放共享实践进程[1]。《规划》要求各部门应当坚持统筹协调、协同共享、创新发展、安全保障的基本原则，深化我国各领域基础信息资源开发利用，完善国家基础设施，推进不同领域信息化工程建设[2]。《意见》和《规划》这两个文件对我国水利、农业、地震、空间等不同领域的科学数据开放共享工作起到了重要的促进作用。通过政策关键词共现网络图［图 8.2（b）］，可以发现该阶段政策议题的重心体现在"基础设施""创新""资源""共享"等方面，显示出我国科学数据开放共享工作关注资源共建共享对创新的作用。

三、第三阶段（2018 年至今）：完善提高阶段

2018 年国务院办公厅印发《科学数据管理办法》，这是第一个国家层面对科学数据开放共享活动做出阐释，并且从数据生命周期角度对科学数据相关活动做出规定的政策文件，标志着我国科学数据管理进入新的阶段。除了《科学数据管理办法》外，还有其他政策文件，如 2018 年科学技术部、财政部印发的《国家科技资源共享服务平台管理办法》《关于加强国家重点实验室建设发展的若干意见》等，它们共同推动了我国科技资源的开放共享和利用，提高了科学数据的利用价值[3]。2018—2022 年颁布的相关政策共计 40 项，表明我国科学数据开放共享政策体系不断完善。2021 年《中华人民共和国数据安全法》的出台为我国数据安全领域提供了更加全面和系统的法律保障，促使科学数据开放共享实践深入推进。在这一阶段，我国科学数据开放共享政策不仅关注"基础设施""创新"等议题，此时政策焦点还转向"协调发展""公共服务""开放共享"等内容［图 8.2（c）］，表明当前我国越来越重视科学数据的公共物品属性，从公共服务的角度认识科学数据的

---

① 张明喜，周代数，张俊芳，等. 金融支持国家创新体系：中美比较[J]. 中国软科学，2023（4）：33-42.

② 周文泓，朱令俊. 我国政府数据治理的发展进程研究与展望：基于国家层面的分析[J]. 图书馆学研究，2020 （16）：57-63.

③ 苏靖. 大数据时代加强科学数据管理的思考与对策[J]. 中国软科学，2022（9）：50-54.

开放共享，关注科学数据开放共享过程中各方的协调发展。

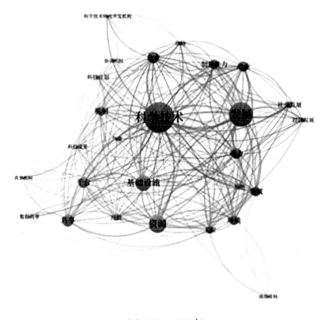

（a）2001—2011年

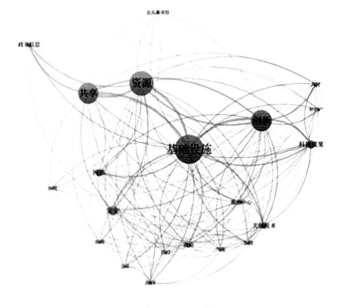

（b）2012—2017年

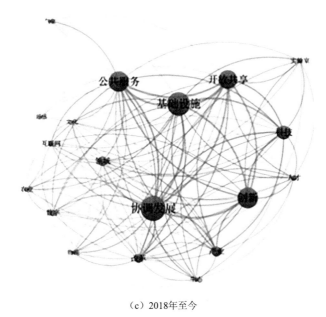

（c）2018年至今

图 8.2 不同阶段科学数据开放共享政策关键词共现网络图

第二节 当前我国科学数据开放共享政策
体系特征与不足

通过对收集到的我国科学数据开放共享相关政策文本进行分析，挖掘政策的核心内容、目的和实施措施等，并结合相关人员的访谈和实际情况的调研，形成对我国科学数据开放共享政策体系特征和现有不足的判断。

一、政策强调科学数据管理，但数据权属不明

我国大多数科学数据开放共享政策对数据权利的规定比较模糊、抽象且分散，未对科学数据开放共享过程中数据主体的权属做出明确规定[1]。在科学

---

① 盛小平，袁圆. 科学数据开放共享中的数据权利治理研究[J]. 中国图书馆学报，2021，47（5）：80-96.

数据开放共享过程中，数据主体拥有对数据的所有权、使用权、授权权等权利，数据权属问题不仅关系到数据主体的利益，也关系到数据的安全和保护。早在 20 世纪 90 年代，美国开始关注数据所有权的问题。DOE 1997 年发布的《数据条例中的权利建议规则》允许以合同形式寻求政府任务和对方利益之间的利益平衡①。《美国法典》第 10 编第 2320 条和第 2321 条详细规定了政府资金、私人资金和混合资金形成的项目中技术数据的权属②。2021 年新修订的《中华人民共和国科学技术进步法》在法律层面明确了开放共享的重要性，该法第五十四条规定建立健全科学技术资源开放共享机制，并在合理范围内实行科学技术资源开放共享。然而，该法对科学数据权属这一基础性问题尚未做出明确规定，在一定程度上制约了科学数据开放共享政策的具体实施。目前，我国的相关政策对于数据主体的权属界定方面仍相对模糊和抽象。例如，2016 年国土资源部颁布的《关于促进国土资源大数据应用发展的实施意见》中提到"落实数据共享与交换相关主体的权利、责任和义务"，但是对于科学数据的产生、获取、处理和共享过程中相关主体的权利和义务关系并未做出规定，这可能会导致数据主体的权利被忽视或侵犯。

二、政策涉及数据安全与隐私保护，但可操作性较弱

虽然我国已有一些法律法规和政策条文对科学数据开放共享过程中的隐私和安全问题做出了规范，但是这些规定大多是原则性的、概括性的，缺乏可操作性的具体要求和标准。例如，2018 年国务院办公厅颁布的《科学数据管理办法》规定了科学数据共享的基本原则、管理机构、职责等，但对于如何具体操作、如何实现数据分级管理等问题并未给出详细的规定。此外，我国科学数据开放共享政策中的监督机制也尚未得到有效建立。对于科

① Energy Department. Revisions to Rights in Data Regulations[EB/OL]. https://www.federalregister.gov/documents/1997/03/31[1997-03-31].

② United States Code. Rights in Technical Data[EB/OL]. https://www.govinfo.gov/app/details/USCODE-2011-title10/USCODE-2011-title10-subtitleA-partIV-chap137-sec2320[2012-01-03].

学数据开放共享过程中数据安全和隐私保护的实施和监督，现有的管理机构缺乏相关的法律授权和监督能力。2021 年颁布的《数据安全法》，是我国数据安全领域一项重要的法律法规，对于解决数据安全与隐私保护具有重要的里程碑意义。但是作为数据安全领域的基础性法律，《数据安全法》并未关注科学数据，尚未明确科学数据的概念和范围，对科学数据开放共享过程中数据安全与隐私保护监管的法律主体也尚未明确[①]。

三、政策主体多元化，面临组织协同挑战

我国科学数据政策制定的相关主体超过 50 家，且跨多个业务领域（图 8.3）。政策主体多元化带来的协同挑战，不仅体现在政策制定的过程中，更体现在政策落地的实施过程中。科学研究中产生的大量科研数据，可能涉及多个学科领域、多个研究机构以及多个融合数据平台，然而由于不同部门和机构之间的数据格式不一致、数据使用权不明确、数据安全保障等问题，数据的共享与合作变得异常困难。例如，生态环境数据的共享涉及能源部、中国气象局、科学技术部等多部门，同时还涉及科学研究机构、数据中心、实验室等。这些部门和机构在政策制定、数据采集、共享管理等方面有着各自的职责和权力，因此在实际操作中很难实现协同合作。在具体政策制定方面，不同政策主体之间的合作也存在一定的困难。例如，不同科研机构、大学或实验室等主体在展开科研实验、仪器共享等项目需要进行协调和沟通，但是不同部门之间在政策方向、政策内容和政策措施等方面存在着差异，导致沟通和合作很难达成一致。因此，有必要加强不同政策主体彼此之间的协作，促成不同机构之间的数据共享和利用，从而打破当前我国"数据孤岛"的局面，推动我国科学数据开放共享实践的发展。

---

① 唐素琴，赵宇.《数据安全法》突出科学数据的必要性研究[J]. 中国科技资源导刊，2021，53（2）：19-25，110.

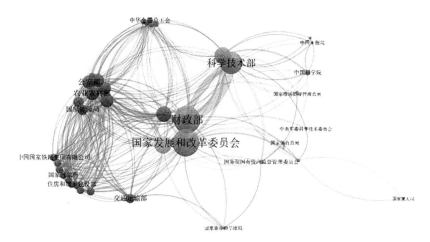

图 8.3 我国科学数据开放共享政策发布机构合作图

四、政策工具以供给型举措为主，需求型政策工具使用较少

当前，我国促进科学数据开放共享的政策设计仍强调从供给侧出发加强基础设施建设、人才培训等。例如，2016 年印发的《交通运输部办公厅关于推进交通运输行业数据资源开放共享的实施意见》提出，建立数据资源目录体系、健全监督考评机制等，促成行业数据资源共享①；2017 年科学技术部等印发的《"十三五"国家科技创新基地与条件保障能力建设专项规划》指出，应该加强建设科学数据中心、生物资源库（馆），从而提高我国科技基础设施保障能力的建设和科技资源共享服务水平②；2018 年科学技术部和财政部印发的《国家科技资源共享服务平台管理办法》、2019 年国家发展和改革委员会印发的《公共资源交易平台服务标准（试行）》等政策从数据平台、人才培养等方面指导我国科学数据开放共享工作③④。相比于供

① 许宪春，王洋. 大数据在企业生产经营中的应用[J]. 改革，2021（1）：18-35.
② 鲁世林，李侠. 国外顶尖国家实验室建设的主要特点、核心经验与顶层设计[J]. 科学管理研究，2023，41（1）：165-172.
③ 周文能，刘云，王刚波. 国内外科学数据管理与共享政策分析及对国家自然科学基金的启示[J]. 中国科学基金，2023，37（1）：150-160.
④ 国家发展改革委印发《公共资源交易平台服务标准（试行）》[EB/OL]. http://www.gov.cn/xinwen/2019-05/06/content_5389014. htm[2019-05-06].

给型政策工具，需求型政策工具是直接面向需求，更易于推动科学数据的开放共享。虽然我国已有一些政策文件提出需求采购、需求补贴、服务外包等举措来促进科学数据开放共享，但实践过程中这类政策往往难以落实，导致政策使用频率偏低、执行力度较弱等问题。比较来看，美国政府善于从需求侧着手，通过需求采购、需求补贴等措施，促进科学数据开放共享，提高科学数据的共享范围和使用效率。例如，美国《联邦政府采购法》将开放共享的技术或产品等纳入需求采购目录，利用资金购买技术、设备等，从而解决开放共享过程中数据资源利用问题。

第三节　进一步完善我国科学数据开放共享政策体系的建议

一、加快确权，为激励科学数据开放共享提供制度基础

建立科学数据的权属规则，是实现开放共享的前提和基础。建议从科学数据的战略性、公益性等特点出发，围绕数据产权分置的改革方向，加快科学数据确权，激励科学数据开放共享。在科学数据开放共享的过程中，需要明确科学数据的持有权、使用权、收益权等权利，明确哪些权利属于数据的提供者，哪些权利属于数据的使用者，以及如何保护相关权利等。一是明确确权的基本原则，坚持安全可控、激励相容、责利相称、分类分级，权利界定应建立在科学数据分类分级管理制度之上，实现科学数据相关主体间利益的合理分配。二是明确法人单位、科研人员和政府等利益主体各自享有的权利内容。允许法人单位、科研人员对财政资金支持形成的科学数据进行存储、加工、利用，权利的行使不得妨碍科学数据开放共享。政府拥有对财政资金支持形成的科学数据的介入权。在数据开放共享的过程中，需要明确数据的持有权、使用权、收益权等权利。三是需要考虑如何平衡数据的开放共享和知识产权保护之间的关系，以避免数据的滥用和侵权，完善数据使用后

的署名、致谢等利益共享机制，使供需双方都能获得合规收益①。例如，国家青藏高原科学数据中心在实施科学数据开放共享过程中，采用唯一的DOI、知识共享协议、数据引用、数据申请审批流程等方式保护数据的知识产权②。

二、完善数据分类分级的管理体系，强化可操作性和执行性

一是建立科学数据分类分级体系。参考《数据安全法》中的核心数据、重要数据、一般数据分类方式，根据科学研究中不同学科特点、研究范式差异及国际合作需要等特殊情况，对数据按不同安全级别和重要程度划分数据类型，形成考虑科学数据特点的分类分级模式，并根据新情况持续更新完善。二是建立数据分类分级管理实施条例等。加强顶层设计，在《中共中央 国务院关于构建数据基础制度更好发挥数据要素作用的意见》等已有制度法规的基础上，制定与科学数据流动共享相关的管理条例、实施细则等制度文件。在数据管理部门设置科学数据管理人员，有效落实分类分级管理规定。在科学数据机构建立专门机构或委员会，对数据使用全流程进行监督和管理。三是优化科学数据流通共享模式。基于数据分类分级体系和实施条例等规章制度，建立合规高效的科学数据流通制度。区分使用场景和用途用量，针对不同敏感级别采取相应流通分享模式。在现有科学数据中心基础上，强化收集、整理、评估等服务能力，并要求申请使用数据的机构和个人提供详细使用说明③。四是提升数据主体的数据安全素养，强化数据隐私保护。政府、组织、研究机构等数据主体应该加强对科学数据隐私保护的宣传和教育，提高相关人员的隐私保护意识和能力。根据科学数据分类分级体

---

① Li X, Cheng G D, Wang L X, et al. Boosting geoscience data sharing in China[J]. Nature Geoscience, 2021, 14: 541-542.

② 潘小多，李新，冉有华，等. 开放科学背景下的科学数据开放共享：国家青藏高原科学数据中心的实践[J]. 大数据，2022，8（1）：113-120.

③ Alpaslan-Roodenberg S, Anthony D, Babiker H, et al. Ethics of DNA research on human remains: five globally applicable guidelines[J]. Nature, 2021, 599(7883): 41-46.

系，对所采集、使用、生成的数据主动开展分类分级，并向机构数据管理部门或委员会报备[①]。明确各方在科学数据开放共享过程中对各级各类数据安全的责任与义务，共同推动科学数据规范健康使用。

三、加强技术与管理联动，提高数据服务水平

一是加强数据分析和管理工具开发。支持各数据库加大开发和管理软件研发投入，自主开发数据检索、管理和分析等工具，吸引科研人员在使用中扩大数据规模并迭代数据服务，实现以科学数据价值流动替代科学数据流动。二是强化信息技术应用，利用统计披露控制（statistical disclosure control，SDC）、基于隐私保护的数据挖掘（privacy-preserving data mining，PPDM）、隐私增强技术（privacy enhancing technologies，PET）等解决科学数据开放共享过程中的隐私风险，提高服务质量。不同信息技术可独立或结合使用，取决于单位的信息基础设施、组织系统以及特定的文化环境。三是积极引导和要求相关法人单位研究制定科学数据开放共享管理办法或相关指南，明确财政性资金支持产生的科学数据遵循"开放为常态、不开放为例外"的原则，在安全可控范围内逐步扩大科学数据开放共享范围。四是开展科学数据出版和传播工作。鼓励并支持国家科学数据中心创办科学数据期刊，推动科学数据开放共享，用数据公开倒逼科学数据标准化和质量建设[②]。加强对国内数据库的建设、宣传和使用培训，推动国内数据库进课堂，加快形成用户驱动的数据库迭代机制[③④]。

---

① Lin J Y, Bryan B A, Zhou X Y, et al. Making China's water data accessible, usable and shareable[J]. Nature Water, 2023, 1: 328-335.

② 朱作言，梅宏，刘徽，等. 新时代中国科技期刊出版的机遇与挑战[J]. 科学通报，2022，67（3）：221-230.

③ 张超，刘蓓蓓，李楠，等. 面向可持续发展的资源关联研究：现状与展望[J]. 科学通报，2021，66（26）：3426-3440.

④ 权维俊，姚波，刘伟东，等. 我国大气本底观测站创新发展的思考和建议[J]. 科学通报，2021，66（19）：2367-2377.